# 建筑·城市·环境

## EA4十年

北京市建筑设计研究院有限公司EA4设计所
北京建院建筑文化传播有限公司

中国建筑工业出版社

这本出版物，源自建筑媒体和建筑设计所之间的深度对话。来自北京建院建筑文化传播有限公司（以下简称AC）的记者，与北京市建筑设计研究院有限公司 EA4 设计所（以下简称 EA4）的建筑师们，通过多次的访谈，共同编制出这本为 EA4 量身打造的“对话十年”，记录下了设计所十年的创立初心、发展历程、建筑理念和代表作品。

这本书区别于传统的“建筑作品集”，AC 传媒尝试以“同行者”的身份和姿态，与 EA4 的建筑师共同回顾十年前设计所诞生的时代契机和当时的建筑行业环境，追溯主人公们当时的人生状态和选择。对谈的重点，是 EA4 城市发展和建筑设计的价值观和方法论。设计所在实践中做出的探索和尝试，体现他们对设计理念的坚持和发展。EA4 用他们的方案和作品诠释他们的设计策略，让对谈的结论落在实处。这种工作方式和最终呈现，不仅体现了 AC 所倡导的行业导向，EA4 的建筑师们也借用本书出版的过程，进行了大量的思考、审慎的认知与重新的判定：总结归纳设计所的十年岁月，是他们面向未来再出发的起跑线。

页面渐次翻动，您能看到一群主动探索、塑造城市环境的建筑师们，一个坚持信念、洞悉时代变迁的建筑设计团队。阅读这本“十年小传”时，或许您能够感受到这些文字与图片背后，涌动的时代浪潮和炙热的温度。

全书分为两部分。第一部分，首先是对 EA4 三位主创的采访，记述了 EA4 设计所创办和发展的历程、特有的企业文化和建筑创作的基本出发点。其后，三篇关于建筑设计策略的文字，全面归纳梳理了 EA4 设计的核心价值：“应对建筑的城市属性，重塑建筑师的工作边界和方法；处理复杂的外部条件，集成规划研究城市建设和发展；探索建筑的文化内涵，继承和发展中国传统建筑文化”。第二部分是基于上述思考的一些 EA4 为主创的典型作品，展示了 EA4 对具有不同尺度和设计要求的项目所保有的同样的专业度。

本书能够得以出版，离不开所有曾经与 EA4 合作过的专家、业主、各专业的设计团队及其他合作事业伙伴的支持。鉴于本书“非作品集”的定位，书中收录的由 EA4 主创的实践作品都以案例形式出现，用以解读设计理念和策略，在书中没有详细列出每个项目的参与方信息。在此对所有合作方一并表示感谢。

# 目录

## 建筑师面临的时代挑战

The Challenges of Design Institute Architects in our Era

### EA4 的创立：大院建筑师的时代机遇

三位采访对象所工作的 EA4 设计所，隶属于北京市建筑设计研究院有限公司（以下简称 BIAD）。如果不了解 BIAD，也就很难理解 EA4 的前世今生。BIAD 成立于 1949 年，是与共和国同龄的大型国有独资公司，这是一个从计划经济时期的事业单位转变过来的国有企业。公司员工从 1950 年的 49 人，增长到目前的近 3000 人，业务范围包括城市规划，投资规划，大型公共、民用建筑设计，室内装饰设计，园林景观设计等领域，在北京市、甚至全国范围内都具有很强的技术实力和专业度。

2000 年之后中国城市建设的庞大市场需求，造就了大量建筑设计公司的产生。与其他产业的大型国企一样，BIAD 面临激烈的市场竞争，展现出一些对市场的不适应。为了发挥骨干设计人才的积极性，同时为他们提供强大的设计品牌的平台支持，BIAD 从 2003 年起开始探索在公司内部建立独立营销的工作室模式。院管工作室从 2005 年的 12 个，经过十年发展，数量已经增长至 25 个。EA4 设计所的前身——EA4 工作室成立于 2008 年。EA4 的三位主创，都是以大院年轻建筑师的身份入行，之后在 BIAD 工作室改革的浪潮中实现了自己职业生涯的重大转折。他们的经历，浓缩了一批 BIAD 人成长的历程。

AC：能否简单介绍一下三位在创立 EA4 之前的情况?

徐聪艺：我们最初相识是在北京建院第一设计所（以下简称一所）并有过一段共事的时间。我是 1997 年进入 BIAD 的，他们比我稍晚一些。从 2000－2002 年，我们都是一所方案组的建筑师。方案组是一个以年轻人为主的前期设计团队，由于是同龄人，大家相处很融洽，工作、休闲和娱乐有很多交集。当时方案组做的项目主要是前期的方案和投标，几乎每个月都要完成几个项目。我们的合作很有默契，在没有充分准备的前提下依然可以完成配合度很高的工作。当时我们的工作状态令我印象非常深。

张耕：回想起当年在一所共事的时光，其实是非常辛苦的。记得当时平均每两周就需要通宵一次。但是那时候我们个人的职业理想与日常的工作和生活达成了很和谐的结合，因此每个人都干劲十足，都会很享受在一起工作的感受。

孙勃：这种共同成长的感觉可能也为日后合作打下了基础。我们都算标准的 70 后吧，还是比较勤于自省并从中寻找成长的动力。刚进入设计院时，由于能够共同接触一些国际合作项目，也感受到自身与国外行业水平的差距。因此当年无论从技术角度，还是从组织管理角度，都做过一些尝试和探索，其中有些东西今天也融入 EA4 的发展成长之中。

AC：2004 年 BIAD 第一次建立院管工作室制度，你们如何看待这一大院体制下的新鲜事物?

徐聪艺：当年第一批院管工作室的数量并不多，而且负责人的年龄都比我大至少五岁，在院里的从业时间也更长。我当时是这么看工作室的：首先需要自己独立营销，这对开创者的能力要求是很高，而当时我不具备这个能力。再看看周围的环境，第一批工作室的开创者在北京院这个传统国企内部引发了一些争议，并不是所有人都看好工作室的发展，有不少质疑的声音，再加上当时院管工作室制度的细节还不是特别清晰，大家心绪波动也是很正常的；但是从宏观的层面来看，不仅是当时，直到现在我都认为当年的工作室改革形成了开放的平台，帮助北京院留下了一批有能力、有创造力的人才。否则在传统的大院制度下，想要留住人才难度很大。

如果我们站在现在的时间点往回看，我个人认为院管工作室制度是 BIAD 在管理机制改革上的一个创举。这个举动帮助 BIAD 在过去的十年里成功地激发了优秀员工的创造力，多方位对接市场，对于扩大企业规模、提升产值也有很重要的作用。这项改革适应了当时的社会对建筑业发展的要求，对全国的建筑业也有一定的示范作用。

AC：三位的 EA4 之旅是如何开始的?

徐聪艺： EA4 的酝酿是 2007 年年底。2003 年我到新组建的工程设计所当副所长，工作的内容基本上是重新组建一支设计队伍，一切从最基础的工作做起。后来在工程设计所的基础上组建了北京建院建设有限公司，目标是发展设计工程总承包。在这里工作三年后，我感到工程设计所的经营目标跟我的初衷有一定偏差，我个人还是想把设计品质作为工作的核心。当时院里的首批工作室已经运营了 2~3 年，我看到了他们经营模式灵活的优势，这一点很符合我自己不愿意默守陈规的性格。在这样的工作模式中限制相对较少，能全身心投入自己喜欢的建筑设计工作，还有机会创造更大的收益。创建工作室的想法就产生了。

其实我自己当时确实没有想太多就付诸行动了。在我的设想中，工作室应该在建筑设计创作和管理上达到一种平衡。EA4 建立的基础是管理平台的搭建，我最初找到的伙伴是孙勃和杨彬，除了技术管理之外，杨彬还负责经营和管理模式，这是一个团队立足最重要的环节，是团队持久发展的基石，也是我们面向未来的根本。

**孙勃：**筹建 EA4 的时候，我已经在一所工作了八年。在熟悉了解传统大所运转方式的同时，也产生了一些困惑和思考。我逐渐发现并越来越深刻地感受到，要想做好建筑创作，绝不单单是建筑师一个人的问题，更需要合理完善的制度和团队的支持与合作。徐聪艺找我商量创办 EA4 的事情，我几乎没怎么深入思考就同意了。虽然我当时没有什么特别明确的想法，但我相信双方对建筑设计的许多认知是一致的，能一起尝试和改变一些事情就够了。对于未来，重要的事情是选择正确的合作伙伴。

**张耕：**2003 年我离开设计院去国外学习和工作，其间和徐聪艺、孙勃依然保持着联系，每年回国都会见面。还记得当时流行的网络社交软件是 MSN，孙勃通过它发给我一张工作室装修完的照片，当时真的是非常羡慕。在国外工作，虽然环境好、工作压力小，但最大的问题就是那里的建筑市场已经成熟，个人发展的空间也很小。我们 70 后这一代人，是见证祖国变化和转折的一代人，跟着国家大的潮流走，每天都可以憧憬不一样的未来，生活会变得充满挑战而因此足够精彩，我非常喜欢这样的感受，希望成为参与者而不是旁观者，这是我回国的一个重要原因。同时，我一直比较习惯于依靠团队而不是个人来工作，一个积极的、理性的团队，可以让其中的每一个人受益，并都有足够的发展空间和机会。基于我们三个人之前成功的合作经历，我在 2010 年回国选择加入 EA4，现在看来，当时真是做了一个正确而幸运的选择。

AC：三位在 EA4 的创立之初，对工作室有些什么样的想法或愿景？

**徐聪艺：**我们对工作室在一些基本想法上是有共识的。首先，从对设计的态度出发，我们希望 EA4 的业务是与城市、建筑的空间效果直接相关的，而不是一个简单的工程技术机构。得益于之前的工作经历，我接触过建筑设计圈里不同的专业，清晰地知道自己不会去从事工程技术的相关工作。我们最初提出的五个专业部门包括建筑专业、景观专业、室内、照明和幕墙，随后又加入了城市设计。

其次，我们希望工作室的管理文化是公司制的，而不是一个建筑图纸的生产车间，我认为建筑设计是一种创造性劳动，一旦和生产计件挂钩就毫无愉悦感。我们和员工谈年薪而不是提奖；公司的管理也选择了职业路线，把设计和经营团队完全分开，各司其职。这几个基本问题决定了 EA4 的基本特征，一直到现在也没有改变过。

## EA4 的十年：印证与发展

**AC：EA4 十年的发展过程是否和当初的预期是一致的，是否遇到一些调整和变化？是否遇到停滞和瓶颈？**

**徐聪艺：**从设计所的业务和管理运营方面来看，我们的发展没有遇到特别大的困难，反而会有些惊喜，我刚才提到的工作室成立之初的一些重要观点和共识一直得到贯彻和坚持。

EA4 在十年的发展历程中始终坚持不变的大方向，但其实经历过两个大的发展阶段，中间以 2013 年工作室更名为设计所为标志。促使这种变化发生的既有外来因素，也就是市场给我们提供了新的机会，促发我们做出改变，也有 EA4 内部自发的创新和变革，有这两方面因素的不断注入，工作室的发展并没有出现停滞。

外部发展因素的一个例子是我们参与了一些在当时看来还比较新兴和有挑战性的项目，比如丽泽商务区的城市设计、还有中国园林博物馆从建筑、室内到展陈的一揽子设计方案等。这些项目起到了示范作用，帮助我们之后接到了一系列类似的项目委托。城市设计在当时（2009 年）还只是相对冷门的一类项目，建筑、规划和景观专业高度整合的工作方法也并不常见。相应的，接手这些项目让我们做出了认真发展建筑、景观、城市设计三方面业务的决定，而当时的工作室实施扁平化管理，只有二三十位员工，显然无法满足业务发展需要。在 2013 年春节后，我们扩充了工作室的规模，当员工达到 50 人左右时，就要求在管理上出现一个新的中间层次，目前设计所有四个设计室，今年还新成立了城市设计研究中心，专门负责大型综合项目的策划、管理和研发工作。这就是我们自己内部的创新和突破。内部和外部的力量让 EA4 一直处在一个动态发展的过程中，不会出现疲态。我们对建筑、城市和人的态度会一直推动这个过程。

**孙勃：**我也能非常坚定地说这十年的选择是正确的。在这个过程中有压力，但我从没怀疑过自己的价值观。这也许和我们创办工作室的年龄有关。EA4 创办时我只有 34 岁，EA4 的十年是我自己的人生阅历和设计思想逐渐成熟的十年，这个过程中我们一起解决了很多问题，也不断坚定了个人的价值观以及对事物的判断。

**张耕：**2000 年前后，国内的建筑设计市场变得越来越多元化，大量境外事务所对国内建筑市场造成了巨大的冲击。我们 EA4 在这样的背景之下始终坚持以自己为主的创作和研发，通过自己的努力去尝试自己认为正确的事情，在市场环境中寻找发展机会，迎接挑战。经过这些年的努力，应该说和我们当初的预期是一致的，通过不断的探索和尝试，我们稳定了自己在建筑市场中的特色，并在规划和景观领域开拓出一番新天地。在这个过程中，我们积累了自己的专属经验，并逐步开始形成自己的方法论。

**AC：在 BIAD 诸多院管工作室、设计所当中，存在着不同的企业亚文化，EA4 十年打造的内部企业文化氛围是怎样的？**

**孙勃：**我不大了解别的工作室是什么情况，在 EA4 的会议上，我们三位主创会畅所欲言，基本毫无保留地说出自己的真实想法，有时候争论无可避免。说实话，最初还是有些不适应，毕竟以前在一所共事的时候合作很默契。后来渐渐习惯，也感受到：一个人的思维方式难免会有漏洞，真实而毫无保留的争论对自己和工作的推动都有好处。

**徐聪艺：**有效的争论是有意义的，有人能够对自己的看法提出完全反对的意见，其实是很珍贵的。对 EA4 来讲能够提高工作室运营的保险系数，但这样也会降低我们做决策的效率，需要控制这部分的成本。我们几个人的关系更像合伙人，和一些其他工作室“领导 + 副手”的管理模式有很大不同。

**张耕：**区别于明星事务所，EA4 的创作并不是围绕某个人展开的，虽然我们三个是团队创作的核心，但是我们依然在每个项目中提供开放式的创作平台，使每个参与者都有参与创作的机会。我们始终强调集体创作，既注重个体的能量释放，又鼓励团体的思想碰撞，我们的作品都是个人才华与集体智慧的结晶。

**AC：EA4 的主要客户类型是哪个群体？在整个设计市场版图中的定位是什么？希望对外打造怎样的社会形象和角色？和小型的明星事务所和外资企业的区别在哪里？**

**徐聪艺：**我们的业主绝大部分是政府部门和大型国有企业。我个人认为建筑师或者事务所打造个人形象，对整个社会的影响和贡献并不大。一个建筑师，无论是能做出惊世骇俗的建筑形态、对某个建筑类型有深入研究、或者是专业技术领域的顶尖人才，其实都对社会中绝大多数人没有深远的影响。也许在包豪斯的年代，建筑师可以改变大部分人住所的样貌和生活日常，但这种情况在今天几乎不可能发生了。我个人并不能从建筑师的自我宣传中获得愉悦感，我的愉悦感来自自己的设计能够对更多人的生活产生更大的影响，创造更好的空间感受，这也是我们积极投身公共性项目的原因。举个例子，中国园林博物馆我们做了展馆整体设计，从整体选址到规划布局，从建筑设计到室内、再到展陈，这样的工作能够对每一位参观者的观展体验起到切实的影响，这就比单独做博物馆建筑要更有意义。

**孙勃：**在今后的建筑市场里，每个人、每个团队都应该有自己明确的定位。面目模糊的设计单位会越来越少。社会上的明星建筑师，其实是第一批主动思考自己定位的人，我们非常关注他们的发展，在我们的管理体系里也借鉴了不少好的发展方向和思路，但 EA4 也非常清楚自己“国企大院”的特征，所以在十年的发展中，逐渐摸索出符合自身特点的管理发展模式。

EA4 设计所在市场竞争的浪潮中给了自己明确的定位和方向，这不仅印证了他们的思考和判断，也不断塑造和强化 EA4 的建筑观和设计能力。这群国企大院建筑师们在特定历史条件下的“创业”故事，在今天看来仍然可圈可点，具有相当的说服力。这其中观念的变革、身份的转换、对环境变化的适应和反馈，都是难能可贵的。

## 核心理念：从城市观到建筑观

AC：三位觉得 EA4 内在的设计价值观是什么?

**徐聪艺：**延续之前的观点，我认为建筑师的所谓思想与社会发展的关系并不大。但这并不是说建筑师能有所作为的空间很有限，EA4 一直在传递给业主和城市的观点和态度是：城市需要有节制的发展。这个观点的产生和我在世界各地的旅行经历有关系，无论是尼泊尔还是巴黎，只要是能称得上世界文化遗产的城市和地区，无论通过哪种实施手法，城市都是在极其严格的限制下逐步发展、经过上百年甚至几百年的演变，才拥有了基本统一且有序的面貌和形态，自然就具备了自身的特色和文化价值。比如巴黎的强制性城市设计导则，就体现出了极其明确的工匠精神，甚至对改造旧建筑抹灰的做法都做出了明确规定。城市在这样的限制下演变、生长几十年、上百年，才有可能具备可识别性和文化价值。但是在中国，城市发展和建设过程被大大压缩了，在城市里看不到不同时期建筑发展的痕迹，如果站在建筑外部，从城市负空间的角度去看，各种建筑形式百花齐放，缺乏统一的限制和对城市肌理的尊重。这是一个普遍的基本现实。从 2000 年以后，我们就意识到城市的发展必须要有节制，新的建设指导思想和一系列官方机构的举措，都反映出政府主管部门也意识到了这一点。比如最近习总书记提出的“一张蓝图绘到底”以及北京规划和国土部门的合并就说明了这种趋势。我个人认为在所有的设计行业中，建筑师能够相对多地接触各个专业，更有可能通过自己的工作，影响城市的发展，影响大众对美的认知，更适合对整个城市的空间形象进行设计，并参与实施。

EA4 整体的建筑观就是要转化建筑师微观的、技术性的视角，建立一个宏观的、城市的视角。这种转化主要落脚在以下三个方面。

一方面，在做建筑的时候考虑城市的整体风貌。单体建筑是城市空间的塑造者，把建筑放在更长的时间维度和更广阔的空间维度里考量，城市的肌理和基本风貌比单体建筑要更重要。这一点对于在北京这样一座历史文化名城做建筑尤甚。新的建筑和已有城市文脉、历史积淀的关系不断在编织新的城市肌理，创造新的空间体验和使用模式，深刻影响片区乃至城市的未来。

另一方面，对城市因素的考量还体现在空间使用者的生活体验中。公共建筑可以当作城市空间来理解，而非局限在建筑师设定的特定人群、特定时段的空间使用上。基于全使用人群、全时段的空间使用模式挑战经典的建筑类型学思维模式，也预示着建筑师工作方式和思维的转变。

在以上两个视角的基础上，从城市的视角出发，设计的注意力就从室内的、服务于单一使用者（群体）、拥有固定使用模式的空间，转移到建筑与城市交融的界面，关注全天候、承载城市生活的各种尺度和性质的空间上来。建筑设计与城市公共领域的关系成为了重点。

在这种语境下，传统的建筑设计领域成为一个更大尺度空间领域的子项目，建筑空间依托并产生于社会空间和社会生活。传统的建筑观相对内向、关注独立空间领域内的技术、功能和秩序；而 EA4 的建筑观则具有开放和复杂的特质，体现了更多社会责任感。

**孙勃：**近些年自由主义和消费主义的大潮影响到社会生活的各个方面，建筑领域也不例外。在这样的时代背景下，带有强烈个性特点的建筑和建筑师成为大家学习和崇拜的对象，进而也带动了建筑价值观的多元化。但这种多元化更多体现在建筑形式层面，而这种形式层面的“多元化”也成为当今很多城市问题的根源。我们希望建筑师能够打破固有的专业边界，从城市规划、园林景观等不同的视角介入，形成设计手段的“多元化”。

**张耕：**建筑师的社会属性和职业价值应该体现其对社会进步起到的作用与价值。从这个角度来看，建筑师一方面是城市生活的解读者，另一方面是城市生活的引领者，前者我认为是作为建筑师的必备素质，后者则是价值更大化的体现。这两者的重要性和顺序不能颠倒。一个建筑师必须具备全方位的综合素质，你必须对于城市的历史、文化、经济等多方面都有所了解，并且具备足够的社会责任感、足够的审美素质和空间塑造能力，只有这样，才能对城市生活做出正确的解读，才能做出适合的作品。应该意识到这已经是一个相当艰巨和复杂的任务了，做出一个正确、得体的建筑，有时会比做出一个吸引眼球的、有话题感的建筑更难。

AC：EA4 未来最大的发展机会和挑战在哪里？

徐聪艺：外部环境的新变化给 EA4 的发展带来很多机会，主要是体现在项目和思路上，比如北京各区在新总规下对城市规划进行修订，目前我们正在进行长安街及其延长线建筑和公共空间风貌研究等项目。新的发展趋势和我们一直以来的城市观、建筑观在很大层面上是契合的，或者说对我们的工作思路给出了积极的回应和鼓励。但这些机会也为 EA4 提出了几个层面的重大问题：我们对城市中重要空间的大幅度调整的态度和目标是否准确？这里面存在对具体细节的把握，比如提出的目标是保守还是激进、改造的手法是否恰当等。另一个重要的问题是方案实施过程中控制力度与实施效果的差别能否控制在一定范围内，这都是相当重大的挑战。

面对未来，三位主创还和他们十年前做出思考和决策时拥有相似的状态：用开放、坚定、乐观的态度面临新的挑战。沉淀、回顾和反思是为了今后更明确的方向。有责任、有眼界的建筑从业者，不仅仅是优秀的匠人，更是洞悉时代变迁、以现实为参照系不断调整自身定位的改革者。将鲜明的价值取向和态度融入骨髓，才能真正适应瞬息万变的市场，成就具有时代精神的企业。

建筑师急需转变自身的工作方法和边界定位，充分考虑所有城市相关因素，参与建筑生命全周期，把建筑设计与城市经济生产、发展节奏紧密结合，控制个人化、非理性的“创作欲望”，推动建筑与城市环境间的良性互动。

拥有集成能力的专业设计和管理团队主动出击，才能最大限度地保持高标准的设计和精确的执行。

体现传统文化内核的空间体验和文化气息，丰富着时代的文化精神，提升城市的文化内涵；繁荣多样的城市文化也是一种养分，赋予现代建筑强大的活力和生命力。

## 应对建筑的城市属性，重塑建筑师的工作边界和方法

Reshaping the Professional Boundaries and Working Methodologies of Architects Within Urban Context

EA4 坚持从城市和环境的需求出发，寻找建筑在城市、空间、功能、经济等多方面需要解决的最迫切的问题，作为设计的切入点。当前的中国城市建设，逐渐脱离了过去三十年快速、粗放的开发模式。建筑设计也相应地脱离了像流水线标准程序一样的，与城市环境和经济需求相脱节的粗糙模式。在这样的背景下，建筑师急需转变自身的工作方法和边界定位，充分考虑所有城市相关因素，参与建筑生命全周期，把建筑设计与城市经济生产、发展节奏紧密结合，控制个人化、非理性的“创作欲望”，推动建筑与城市环境间的良性互动。

AC：EA4 如何看待和应对日趋复杂的城市诉求？

EA4：一座建筑的诞生不仅是物理空间的建造过程，更是使用者、产权所有者、城市规划部门等诸多利益相关者的博弈。建筑的使用者需要功能完善、物理条件适宜的空间；产权所有者有回收建设成本的巨大压力，需要建筑拥有可识别的、个性化的形象；而城市规划部门更注重建筑的城市界面，即建筑和场地布局是否与更大尺度的周边环境相协调。这些因素是建筑所面临的外部约束条件，各方的利益往往是矛盾的，但这也是建筑师创作时必须遵守的框架。

来自多方面的诉求汇集到建筑师手中，要求我们不能把自己的工作局限在设计房屋上，而要主动从诸多利益相关者的角度考虑，整合各方利益，寻求机会实现设计上有价值的突破。建筑设计的起点应该关注各方的立场和困惑，用空间的形式解决各利益相关方的需求、化解各方利益的矛盾、为城市带来额外的效益和附加值。我们的诸多项目都是在复杂而严苛的外部环境中落地的。

AC：面对复杂的城市需求和设计条件，你们会如何入手解决建筑设计问题？

EA4：有的时候，复杂条件带来挑战的同时，也会暗藏着突破的契机，暗藏着与众不同的解题答案。我们首先会通过理性的分析从复杂的外部输入中寻找主要矛盾，并把其作为探索解决方案的合理切入点，在这个基础之上，设计方案会顺理成章地“生长”出来。在整个过程中，我们不会刻意预设或者强加设计者的主观意愿，而是始终把城市的需求、建筑合理的使用安排和建设资金的使用效率放在第一位。

比如位于西安市曲江新区文化产业孵化基地的曲江文化创意大厦（P42），设计之初就面临诸多限制。基地为形状极不规则的三角形，南北长约 200 米，东端最长约为 86 米，并向西侧迅速收缩成一锐角。基地的特殊形态造成可建设区域非常狭小局促，建筑既要对北面已经形成的城市界面做出呼应，还要满足高容积率的要求。项目业主希望在该城市区域中，打造公共文化交流场所和新兴文化创意产业阵地，但是项目的经营业态却具有很高的不确定性，传统办公和创意产业两种业态的比例会形成多种可能性的组合方案，设计应同时考虑业主收回资金的压力和空间使用效率。

综合各种制约条件，我们提出了标准办公高层和若干具有一定独立灵活性的“楼中楼”裙房的组合方案。建筑主塔位于地块最宽敞的一边，经济而高效；相对独立的“楼中楼”是文化创意产业的使用空间，也是整个片区的稀缺资源，虽然只占据建筑总面积的 20%，却迅速为投资方赢得了 50% 的经济回馈，缓解了回笼资金的压力，也避免运营上对写字楼的分割和后期管理上的困难。这个操作解决了各方的利益诉求，取得了很好的效果。

在空间上，主塔放置于地块较宽敞的一侧，从几个城市的界面看过来，文化创意大厦都具有很好的视觉形象，楼中楼则组成围合形态的大厦裙房，在两者的结合部位利用地形高差向城市敞开，主体塔楼与裙房围合出首层的“内院空间”和二层的“景观平台”。两者共同创造了城市层面的共享空间，它为建筑提供了一个特殊的、有层次的交流场所和休息空间，减轻了高密度办公楼群的压迫感。这个共享空间符合创意文化要求的空间感，并可以举行露天酒会、产品发布会、艺术展览等多种交流活动，这里成为了“城市客厅”，使建筑以更积极的姿态融入城市环境之中。设计方案合理安排了集中与分散的关系，给整个区域带来了开放性，城市和用户的效率都得到了最大化。

**AC：你们的作品如何回应和塑造城市环境？如何面对规划条件的局限和制约？**

**EA4：**每一座建筑都不可能孤立的存在，也不可能适用于所有的城市环境。建筑设计需要站在城市设计的角度来思考最佳的解决方案。位于北京的中关村软件园国际交流与技术转移中心（P60），就是从更大的城市尺度出发，反推出最终的形体解决方案。这座办公楼坐落在中关村软件园二期西入口，基地面积紧张，且被双向四车道市政道路分成了南北两个用地地块。在项目设计之前，基地周边地块已经建成几座超大尺度的办公楼建筑群，都是跨越 2~3 个街区的庞然大物。综合分析基地条件和业主需求之后，中关村国际交流与技术转移中心的首要问题被定义为需要做出一个有可识别性的软件园西入口，一方面和周边的巨大体量匹配，另一方面和软件园东侧的大尺度开放空间相呼应，完成软件园地区完整的城市界面。常规的建筑布局，只能单纯满足使用要求，很难创造具有完整的、标志性的建筑形象。在这里，我们大胆地实现了对规划边界的突破。解决方案是通过跨街的形式将两座规整的办公楼连接起来，组成一个完整的门形构图，并以此来标志软件园西区的入口，也因此得到业主的青睐而一举中标。

与中关村国际交流与技术转移中心的情况类似，在中铝科学技术研究院（P68）的设计中，也是以城市需求和城市形象为入手点进行设计的。中铝科学技术研究院位于北京市昌平区未来科技城南区，是未来科技城多家央企同期建设的创新、研发机构集群之一。这个项目用地面积很大，但是却被分为三个地块，基地内包含两条市政道路。整个项目容积率要求不高，建筑群可以非常松散地排布在三个地块中，但也因此缺乏一个有控制力的核心，难以形成良好的城市界面。从城市角度出发，我们在规划上提出一个大胆的尝试：把三块用地里分散的绿地集中在一起，在场地中央的地块设计超尺度的城市绿地，并以此为特色来创造专属于业主的企业形象。这块绿地同时成为南北向的绿轴，具有很强的空间统治性，周边的地块布置高效的使用功能，并通过公共空间在底部完成与中央绿地的公共空间的渗透与视觉连接，因此，建筑群在空间上可以被明确地感知为一个整体。从整体城市空间角度来看，我们的设计同时也收获了不错的效果，我们在这里提供了一个属于城市的开放空间，在满足业主需求的同时，也为城市做出了贡献。

**AC：城市、建筑和人的互动关系始终是建筑设计行业关注的核心问题，EA4 是如何应对这个话题的？**

**EA4：**城市空间是由正负两个空间组成的，“正空间”是我们常说的建筑物，而“负空间”一般是指建筑之间的室外城市空间，这两者是相互界定和相互补足的。我们从城市的角度出发做建筑设计，除了建筑本身之外，会去关注城市“负空间”的效果，我们会尝试让这些“负空间”给城市创造更多的积极因素，这样一来，建筑与城市空间自然而然就会达成和谐的互动

从左至右：
曲江文化创意大厦
中关村国际交流与技术转移中心
中铝科学技术研究院
烟台高新区科技文化艺术中心
唐山世界园艺博览会低碳生活馆

关系；有的时候我们甚至可以通过打破或模糊正负空间之间的界限，来完成建筑物与城市空间的进一步融合。这样的城市空间，是积极和富有活力的，作为其间的使用者，自然就能获得更加愉悦的体验。

烟台高新区科技文化艺术中心（P110）的方案，体现了我们在这方面做出的一次尝试。该建筑的功能是一座集科普、博览、教育、艺术陈列、观演、互动、娱乐等众多文化活动于一身的微缩文化城。我们在这个项目中试图尝试，能否以市民生活为核心，通过功能的融合、城市公共空间和自然绿化的引入，将市民的文化与艺术活动由内而外、自然而然地体现出来；使建筑、城市公共空间和城市公园三者合为一体，共同构成一个有表情的、生动的城市活动舞台。我们尝试最大限度地模糊城市正负空间之间的界限，将城市公共空间完整的、连续的引入建筑内部。一条连续的线性城市公共空间，将把都市生活引入，串联建筑全部功能，并连接建筑底部和顶层的都市公园。整组建筑，成为漂浮的城市公园，这一完全向市民开放的、充满活力的绿色平台将与周边林立的、高速发展的城市肌理形成对话，并给市民带来截然不同的城市空间体验。在这里，城市、建筑和人的互动关系得到了很好的体现。

**AC：离开复杂的城市环境，你们如何在作品中实现建筑与自然环境的互动？**

EA4：在处理建筑与自然环境的互动关系时，也不能仅仅从建筑自身出发考虑设计，而是要放在一个更大的尺度下来思考问题，寻求答案。建筑与自然环境的关系一方面表现为建筑形体和材质对地势和自然要素的呼应和反馈，另一方面也体现在如何在相对空旷的场地中，完成对使用者的行为引领和视线引导。我们设计的 2016 年唐山世界园艺博览会低碳生活馆（P50）是这个方面的案例。

低碳馆是 2016 年唐山世园会的一座重要观展建筑，建筑场地位于世园会主轴线南端，和南湖风景片区共同组成主轴线南侧的重要节点。建筑面积 3000 平方米，基地环境优美。因此，项目与周边自然环境的关系成为建筑设计的出发点。一方面建筑应该融入环境，另一方面作为重要的景观节点应该有一定的标识作用。

我们的设计入手于整个用地而不是单体建筑，这样设计目标就从低碳生活馆变成低碳生活园。建筑的主体采用了覆土建筑的形式，最大限度地融入环境。同时，在设计之初，我们就重新考虑了展览的方式，尝试用一种沉浸入环境的互动方式来展示低碳技术，而不仅仅局限在传统的、建筑室内的展陈。我们在建筑的周边，结合雨水收集、太阳能、风能发电等设施设置了许多室外参观互动场地，并将这些室外设施和室内的展陈统一纳入整体参观流线。

南湖公园改造前是开滦采煤塌陷区，在改造前是人迹罕至的废弃地，经过回填改造后成为城市中央生态公园。这个地块既是工业文明的废弃地、也是生态恢复的再生地，自身就是一个巨大、鲜活、成功的环境治理展示成果，是世园会最大的一件展品。由此，我们想到为什么不把这样一件超尺度的、活生生的展品纳入我们的展览体系呢，怎样才能让我们的建筑能在最大的范围内与周边的环境产生互动呢？于是，我们在场地中央，覆土建筑的上方，设置了一个室外的 360° 观景平台。参观者顺着场地室内和室外的参观流线最终到达这里，将南湖的改造成果这个最大的展品全方位的一览无余，成为整个展览流线的高潮和收尾。同时，观景平台在视觉上是一道漂浮的彩环，也成为世园会主轴南段最为醒目的标志。在这里，建筑与自然环境一方面很好地融合在一起，另一方面又产生了戏剧化的对话效果。

## 处理复杂的外部条件，集成规划研究城市建设和发展

Integrated Planning as the Methodology in Resolving External Complexities in Urban Construction and Development

中国近几十年的城市发展中，由政府或大型开发商主导的大尺度综合开发项目给城市带来长期深远的影响，但也为城市规划团队带来前所未有的挑战：繁杂而多层次的业主需求需要梳理、不同专业的设计成果需要整合、超长项目周期带来不确定性等。所有这些难题需要拥有集成能力的专业设计和管理团队主动出击，才能最大限度地保持高标准的设计和精确的执行。集成规划的理念和方法因此应运而生。

AC： EA4 在城市设计实践中感知到哪些现实困境?

EA4：在城市设计的实践中，我们意识到城市设计实施中两个现实难题。一是缺乏形态控制的有力工具。长期以来，城市设计都是规划的延伸，设计内容是把规划的用地性质和数据指标转化成城市片区的鸟瞰图和建筑群体形象，但真正落实起来，往往是难以控制的。城市设计导则操作性不足，对现实的城市发展缺乏约束力，很难保证城市在有效的限制中发展。二是城市管理者缺乏有力的管理工具，各专项规划彼此之间很难衔接。在很多发达国家，城市政府的主管部门会从专业机构购买专业技能和服务，邀请职业建筑师或相关专业技术人员介入城市规划管理，贡献技术力量和审美能力，通过综合服务平台持续性地监管项目实施，这种方式不受管理者更替以及其他外部因素变化的影响，使城市发展始终处于专业团队的介入之下，最大程度上保持了城市形态和功能恰当的生长和运行。而这种机制在我国目前极少存在。

很多政府主导的大规模区域性项目具有一些共性：首先，这些项目往往有较高的综合性，是城市发展的重点项目，会涉及相当多的政府管理部门。其次，项目涉及的专业很庞杂，从常规设计院内部的规划、建筑、景观等专业，到专业相对较强的生态、水务、信息、交通等专业，还有一些需要独立审美要求的专业，如景观照明、城市公共艺术等，都需要在项目初始阶段有综合的策划过程。第三，项目周期普遍较长。城市的发展不是一蹴而就的，发展过程中会产生很多变化、不同维度的调整都会造成发展中的一些不协调。这进一步提升了项目的复杂程度。

用现在的规划方法应对这种项目，会产生很多问题。之前的经验是，诸多管理部门往往委托若干设计和咨询单位，得到了若干设计成果，体现各自的诉求。各主体权益方很难说服别的权益方接受代表自己专业权益的方案，单纯的规划管理部门很难从不同专业角度得到统一结论。各专业在同一项目上服务于不同的业主，成果各有侧重，视角和关注点都有很大不同，不同类型的设计成果很容易相互矛盾，无法协调。项目周期长带来的最大风险是项目结果的不可控。对于规划项目，粗放地管理规划指标，很难控制形态和功能的细节，从规划实施的角度来说很容易失控。

AC：请介绍一下你们提出的“集成规划”的理念

EA4：“集成规划”是一套主动出击、尝试解决上述问题的方法。“集成规划”并不是“规划的集成”，即传统规划工作内容的集结，而是建筑

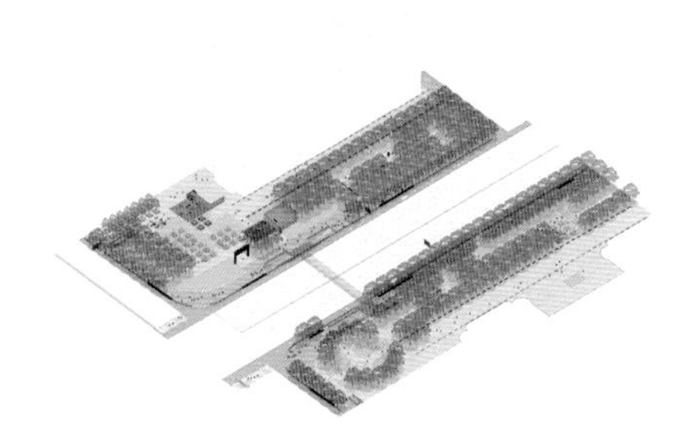

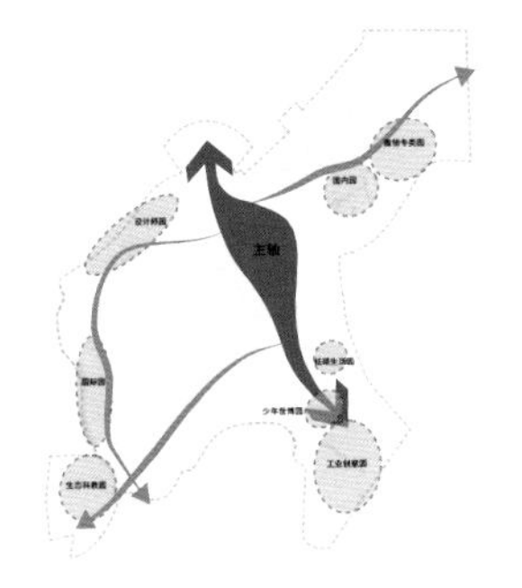

师把自己的工作从提供专业设计，拓展到全方位的、长期的技术管理。设计师可以介入多专业技术协调和规划的实施，进而介入城市管理和发展，打造一个综合服务平台。我们在这个领域的尝试，延伸了我们的建筑创作方式，同样清晰地表达了我们对城市和人的态度。这个综合服务平台超越了设计问题，触及城市发展过程中社会统筹和发展模式的层面，向城市管理者和规划图纸之间的空隙主动干预。建筑师通过技术手段，向上反作用于城市管理，对城市发展有隐性的控制力。集成规划一方面组织了规划涉及的不同权益方，为实现每一方的专业和社会效益提供渠道和途径，包含大量的定位、沟通、组织工作，力图平衡各方权益，确保综合规划意图的实施；另一方面，集成规划试图勾勒一个区域长期建设、发展的时间路线图，动态处理规划中确定的和不确定的部分，确保规划的实施向着各权益方的共识方向发展。

AC：集成规划的理念在现实中是如何操作的?

EA4：在操作层面，这套方法的几个要点——对应规划实施层面的现实困境。首先，我们与政府和业主建立紧密的关系，通过技术的平台，把所有的相关方集合在一起。“集成”的第一个方面就是集成业主方，只有通过一种主动的方式，把业主方所有的诉求集中在一起，然后从一个出口，形成一个统一的思路和方案，最终的设计结果才能实现多方权益共赢。以唐山世园会项目为例，这个项目有几十平方公里，是由唐山市政府众多的专业主管部门委托的，政府在前期规划中由规划局牵头，在后期实施中由南湖管委会牵头，收集了多路由的信息，这样就保证了项目各方有畅通、一致的信息渠道，各权益方也都有表达自己诉求和听到别人声音的机会。而这种机制的建立，是我们在项目之初，反复与业主磨合、商议形成的。

第二个层面，是在项目的设计阶段，“集成”各专业的专家和设计团队，共同讨论与业主方反复论证和交流过的总体思路和想法。这时，各个专业介入项目就有了共同的出发点。在各专业推进设计的过程中，我们的团队也会进行主动性的干预。充分整合各专业的工作内容，最后形成一个完整的、统一的成果。当一些专业出现矛盾的时候，我们会站在整个项目发展的角度，对几乎所有的专业进行整体的协调和衔接，最后形成综合的方案，确保设计成果可以满足多方需要。

第三个层面，是要应对长周期项目带来的不确定性。在完成专项设计和综合设计导则以后，我们的团队会配合项目的落地实施。配合实施的方式，依据项目类别而有所不同。对于新城区的开发项目，如丽泽金融商务区（P132），我们对二级开发提出具体而细致的规划条件，并且在开发的过程中配合、协调开发行为。这样基本能够保证建设成果与规划相符。目前丽泽金融商务区已经完成了40%~50%的建设，规划与现实的相符程度基本能够达到80%。而在唐山世园会的项目里，我们派专人在世园会建设工地全程驻场三年，第一时间解决项目实施中出现的各种问题。解决问题的原则，是根据一些具体的现场条件，对原始规划做出调整，但不能违背总体方案的设计理念。这个项目同样得到了比较好的控制结果。

“集成规划”的管理方式可以全方位地应对复杂项目。它可以协调管理方和设计方，从设计阶段一直延续到实施阶段全过程参与，最终保持设计较高的完成度。

AC：什么样的专业团队才能确保集成规划的实施成果?

从左至右：
长安街公共空间景观提升空间统筹
唐山园博会规划结构
宜昌大市民中心城市规划生态体系
雁西湖生态发展示范区旅游服务设施
丽泽金融商务区地下空间一体化

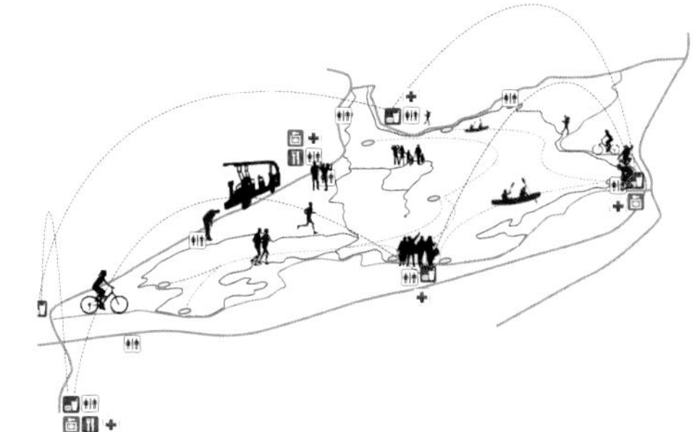

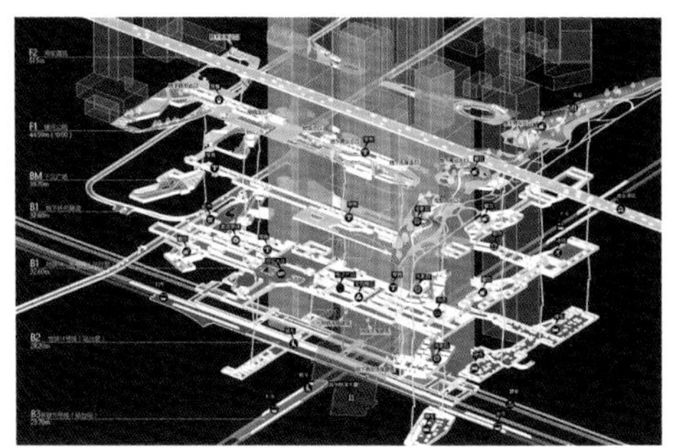

EA4：要做好上面三个层面的工作，除常规各专业技术人员之外，还需要两种专业技术人员：首先是技术总控，这个角色对综合技术能力要求比较高，需要对项目各专业的技术节点有所了解，从宏观到微观的各个层面上提出高标准的要求，精细控制整个设计的完成。举个例子，对于唐山世园会的项目，在宏观上要注重整体空间效果，要在技术上把控参观流线、交通组织、整个服务体系的建设。在微观上，技术总控需要关注设计造型对总体设计的文化和艺术表达，控制专业上的技术表达，甚至关注到很多效果上的技术细节，如路灯的材料、色彩、花纹的尺度等。

另一方面需要项目管理团队，我们 EA4 的城市设计研究中心就是为此而成立的，中心的成员是各专业拥有五年以上工作经验的专业从业人员。项目管理的主要任务是依据现有的资源，尽最大可能归纳、梳理各个层面诉求、协调各个业主之间的技术沟通，按照总体目标，组织推动项目的全面进展。

技术和管理的两个团队是紧密结合在一起的。这两方面，是一个硬币的两面。两者互相配合，又互相监督，共同确保工作的顺利进展。这种专业技术人员间集成的工作方式也是“集成规划”概念的一种表现。

这种高标准的项目运行方式，相对于开放式设计带来的浪费和低效体现出很大优势，我们在向业主推荐项目全过程的精细化管理的进程中，也获得了很多支持。虽然市场的成熟不是以建筑师的意愿为转移的，需要一个过程，但这个重要的市场趋势正在形成，且一定会成为主流。

**AC：作为建筑师和规划师，应该报着什么样的态度来权衡在实践过程中出现的复杂矛盾?**

EA4：集成规划最核心的工作，是协调不同权益方之间的矛盾，帮助各参与方达成共识，最后达成双赢、多赢的局面。作为建筑师，首先要理解城市发展的过程是一个多方面因素平衡的过程，而不是设计人员单方面的主观意愿决定的。

这种博弈的过程在丽泽金融商务区丽泽路的设计中得到了充分的体现。丽泽路初始是一条城市快速路，贯穿商务区的中心。这条道路与城市地下商业空间、地铁枢纽车站、地下交通环廊以及城市管廊都有很大的关系。除涉及规划和商业效果以外，这条路还与交通、市政、地铁等多个系统相衔接。我们花了近一年时间，反复讨论丽泽路上一条 2 公里的路段的形式是高架还是下穿。这项工作从各个层面来说都是非常复杂的，远非单一机构、单一专业可以解决。而且，随着项目的进展它会不断发生变化。

很多时候，城市的发展是复杂多元的，技术研究需要经过长期的、深入的讨论，权衡各种因素和权益，以及各种管理、施工和运营的难度。这种研究和选择往往没有绝对的对与错，而是特定时间背景下的特定产物。设计师在工作中，综合了众多部门和专业技术团队的意见，最终将所有因素创新性地结合在一起，实现了综合维度上的协调。

还有更重要的一点是心态：设计的本质是为人服务，这一点远远比服务设计师自己的理念重要。一个区域性的大型项目，它的目标是为城市打造优美的、有历史和文化价值的空间，让更多人的生活变得更美好。建筑师工作的价值在于提供综合性的解决方案，为社会创造更高的价值，实现这种高价值也为建筑师带来内心的愉悦感和成就感。

## 探索建筑的文化内涵，继承和发展中国传统建筑文化

## Explore the Cultural Connotations of Architecture. Inheriting and Developing Traditional Chinese Architectural Culture

每个城市、每座建筑都凝结着文化的烙印，建筑的形式语言和空间氛围传递着文化态度和气息。在当今这个快速发展的时代，建筑的文化特性日益得到重视，并在一定程度上反映了当下社会生态的样貌和气质。建筑师对待传统文化的态度，是从中吸取营养，经过消化和转译，以空间的形式表达其精髓。体现传统文化内核的空间体验和文化气息，丰富时代的文化精神，提升城市的文化内涵。繁荣多样的城市文化也是一种养分，赋予现代建筑强大的活力和生命力。

AC：EA4 如何看待中国传统建筑文化与现代建筑文化之间的关系？

EA4：随着经济和技术的快速发展，现代社会对城市的空间格局、建筑的功能要求和材料技术都提出了新的要求，这也使现代建筑越来越多地成为城市生活的载体。传统建筑在技术层面和空间层面，都无法很好地适应当前的社会需求。现代建筑的应用，符合城市发展的规律。

另一方面，国家目前提出中华民族的伟大复兴，继承和发展那些经多年传承下来，具有鲜明的自身文化特征的传统建筑文化，显得特别具有实际意义。它可以满足大众内心深处对民族和地域传统文化的精神需求。中国传统建筑文化中的城市肌理、空间秩序、建筑形象等是我们历史文脉和城市灵魂的重要载体。他们代表了中华民族历史文明的精神内涵和背后深厚的哲学思想，是我们中华民族的巨大财富。

综合上述两方面，寻求如何在现代建筑中继续传承传统建筑文化精华，成为建筑师不得不面临的难题。现代建筑文化更多的是一种外来的建筑文化，纯粹的西方建筑美学，产生于完全不同的文化土壤，如果单从形式语言和符号特征角度来看，“现代建筑”和“传统建筑”，在大多数人心中成为两种对立的存在，缺乏调和。然而，中国传统的建筑文化除了表象形式之外，更多的是对空间关系和人文意境的表达，是对秩序、逻辑和情怀的体现，也与中国传统文化中的绘画、书法、园林等相辅相成、交相辉映。从这个观点出发，沿袭传统建筑的形制、结构乃至所有细节的中国古建筑，不是延续中国传统建筑文化的主流。我们认为所谓的传统建筑元素，不仅包括视觉层面的符号、构件和形象，更是一种内在的空间体验和文化气息。我们所追求的，是用现代的手法去营造符合时代需要的建筑，探索传统建筑文化更加多元化、更有效的中国当代文化表达，这也是中国建筑发展的希望和出路所在。

同时，中国的传统建筑文化本身也不是一成不变的，它是一个开放的系统，对新事物、“异质”文化拥有很大的包容空间。例如，人民大会堂的总体形态、构图比例、周围的柱廊等都借鉴了西式古典建筑，但是在细节的处理上，如在屋檐采用的琉璃材质和形式，在建筑底部采用的类似我国传统的须弥座平台的处理等，都显示了我国传统建筑的精华，是中西合璧的经典之作。“现代”和“传统”、“西式”和“中式”的建筑文化之间并不存在不可逾越的鸿沟。世人对美的认知、体验有共通之处，这个脱离形式的深层内核是建筑文化之间发展和交融的基础。因此，中国传统文化与现代建筑的关系并非简单的对立，事实上它们完全可以融合和发展。

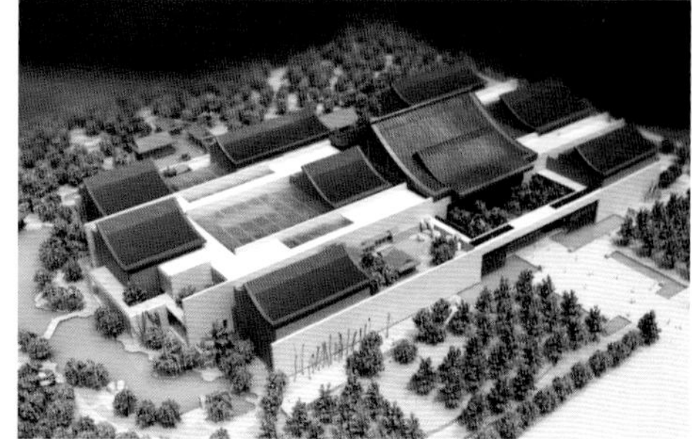

AC：建筑的文化属性，很多情况下是通过建筑形式反映出来的。EA4 如何看待建筑形式？如何看待传统形式的传承问题？

EA4：从广义的建筑观来说，我们对建筑形式保持开放与严谨并存的态度。一方面，我们不为建筑预设形式，认为建筑形式更多情况下是建筑与城市、与人互动的一种方式或者一个结果。对建筑师而言，由于个体审美存在偏好，也很难说服所有人接受同一种形式。不同风格的建筑形式之间没有上下之分。从现实的层面来说，提供技术服务也要考虑市场、业主、造价等诸多复杂因素，建筑师对建筑形式的选择无法做到像艺术创作一样主观。另一方面，不预设建筑形式不等于不重视形式，推敲和把控建筑形式是建筑师的责任之一，建筑师对建筑形式的要求会从建筑概念设计一直延续到节点设计以及材料选择。正因为以上两种态度的并存，我们的建筑呈现出丰富的面貌，但都是对美的追求和呈现。

提到对于传统形式的传承，中国建筑界几十年来从未停止过对于它的尝试，但也始终没有定论，外来建筑风格的冲击使传统建筑文化的复兴之路变得更加坎坷。我们行业面临的问题不仅仅是对各种风格、主义的研究和运用，更重要的是如何从根本上提高公众对于建筑的整体认识和集体审美，只有当建筑师和城市的管理者、建设者以及使用者能够达成一定程度的共识，共同提升对于城市空间关系和建筑文化的理解，才能使问题得到根本的解决。这是一个长期的、艰苦的积累和沉淀过程。作为建筑师，目前不宜过多地考虑打造“惊世骇俗”的作品，而应把目光从单纯的建筑设计角度推向更为广阔的城市尺度，把这个问题放到一个区域乃至一座城市中去综合考虑，一旦有风格相对统一的建筑群赋予城市以“独立性和气质”，赋予城市传统文化的底蕴，那么这个城市对外来文化、风格形式、建筑风貌的包容空间就会更大。

AC：在 EA4 的实际工程中，你们对传承传统建筑文化进行了怎样的探索？

EA4：在中国当下的城市氛围中如何体现传统建筑文化，一直都是我们的探索方向。我们设计的中国园林博物馆（P30）是全国第一座以园林为主题的国家级博物馆。是一座典型的传统与现代相对话的建筑。现代的博物馆需要大跨度、高敞的展示空间，追求开放性、灵活性和公众性。而中国传统园林，尤其是南方私家园林，则大多数锋芒不露、内藏锦绣，且多是建筑与景观元素结合的产物，园林建筑的内部空间和材料构造也与现代建筑有着本质区别。因此，如何将尺度与性格截然不同的二者和谐地融合在一起，是中国园林博物馆设计面临的最大挑战。

我们在该项目的设计过程中进行过三种尝试。三个方案拥有不同的空间逻辑，但都在试图实现现代建筑与传统园林的对话，并不同程度地应用了传统建筑形式语言。

第一版方案借鉴了传统宅园的造园技法，用线性游览路径围合出内部园林空间。重要的展览空间像宅园中的亭台轩榭一样被游览路径串联起来，并与园内的自然景观产生对话，整座建筑采用极简的现代建筑语言，没有任何符号化的形式，我们希望借此创造传统空间的禅意。

第二版方案借鉴了中国传统园林建筑向周围景观敞开，成为赏景驻足点并融入自然的特色。我们提炼出“漂浮的屋顶、消失的外墙”的建筑手法，一方面用通透的外墙赋予博物馆开放的特征；另一方面采用现代的材料和技术使屋顶“漂浮”于室内展览空间之上，调节室内空间的物理环境。相比第一版方案，整体的大屋顶强化了传统建筑的形式意象，并与室外景观共同构成了中国传统园林前殿后苑的布局，将建筑与环境融合起来。

从左至右：
国博馆第一轮方案
国博馆第二轮方案
国博馆第三轮方案
河北省第三届园林博览会主展馆
烟台植物园景观温室

最终实施的第三版方案，是三版方案中形式上最为传统的。建筑设计在院落、轴线、天际线和色彩四个方面，提炼并运用了传统建筑的空间构成与形式语言。墙体和院落群组调和了小尺度园林展品和大尺度展厅的关系，两者间的连接与渗透，又在博物馆内部创造了移步异景、层层进入的空间体验。我们在博物馆的主入口广场、庭院、中央大厅等序列空间中引入轴线，营造进入博物馆的礼仪感；传统的坡屋顶经过抽象处理展现出颇为现代的造型，屋顶高低错落的组合也创造了传统建筑群组的天际线意向；传统园林建筑的色彩也被应用于现代材料之中，营造出传统的色彩氛围。综合这些手法，我们试图使建筑既能令人感受到传统气韵，又不受传统形式的桎梏。我们对中国传统文化的传承与发展的理解在中国园林博物馆的设计尝试和实践中，进行了多维度的探索。

AC：中国园林博物馆之后，你们在传承传统建筑文化方面有什么进一步的尝试和收获？

EA4：我们认为园博馆的三次尝试，没有高低之分，设计过程中形成的一些观念也延续到后续的实践中。西方的建筑或者城市，往往可以通过整体的、外向的形式语言，快速给人以空间的体验与视觉的冲击，而中国传统建筑和城市则显得含蓄了许多。类似清明上河图这样的叙事长卷，生动地体现了中国人通过系统的、层层深入的方式来感知城市的过程。中国的传统建筑空间，往往需要在不同视角和场景的转换中来体验，在含蓄与抽象中表达出丰富的变化，这是中国传统建筑文化的神韵和精华所在。在当下传承传统，需要从“神”上入手，在新生事物中给人以传统的“通感”，在此基础上如果有适当的、形式上的支撑，就能够做到“形神兼备”。在中国园林博物馆的探索之后，我们也在一些其他项目上做了进一步的尝试，无论是河北省第三届园林博览会主展馆（P72）层层入画的空间序列，还是燕郊科达文化艺术中心（P108）应用墙体系统来创造有趣的游览体系，都是我们对中式传统空间系统的再现。这两个项目都强调营造中式空间氛围，而不是简单地将传统形式与符号抽象化。

在另外一些情形下，传统文化会以一种更加广义和含蓄的形式表现出来，甚至是借助现代建筑语言表现出来，这也是一种实现文化意图的方式。如果以对传统文化的理解作为建筑创作的出发点，那么即使传统的形式感被抽象和削弱，依然是对建筑文化的延续。在烟台植物园景观温室（P90）的设计中，我们以现代、简洁的设计语言传递中国山水文化的意趣，开创了新的温室设计思路。该建筑造型取意于周边的自然山水，通过参观流线创造了往返于室内外的空间体验。这是一个融合自然环境、人工山水、植物、建筑、铺装、陈设等造园要素为一体的综合游赏空间。室内外空间的转换和相互错动掩映的虚实墙体，形成时而通透时而遮挡的视线关系，在“有限”的空间中创造“无限”的空间层次感和 “深远”的空间体验。从而使这座从材料到形式都非常现代的建筑，具备了传统建筑文化的神韵。

来自多方面的诉求汇集到建筑师手中，要求我们不能把自己的工作局限在设计房屋上，而是要主动从诸多利益相关者的角度考虑，整合各方利益，寻求机会，实现设计上有价值的突破。

通过理性的分析从复杂的外部输入中寻找主要矛盾，并把其作为探索解决方案的合理切入点，在这个基础之上，设计方案会顺理成章地“生长”出来。

# 中国园林博物馆

The Museum of Chinese Gardens and Landscape Architecture

北京市丰台区　2010 — 2013　已建成　建筑设计 室内设计 展陈设计

中国园林博物馆建筑面积 49950 平方米，是全国第一座以园林为主题的国家级博物馆，以“中国园林—我们的理想家园”为建馆理念，博物馆的建设旨在展示和传承博大精深的中国园林艺术，弘扬优秀的传统文化，成为国家园林教育、文化交流与科普宣传的窗口。中国园林博物馆的使用功能包括展览、会议、教育、办公、科研。博物馆内部共拥有 6 个固定展厅和 4 个临时展厅以及“畅园”“片石山房”“余荫山房”3 个等比例复建的室内展园。设计基于对项目立意的深入思考，对中国传统建筑语素进行了提炼和引用，使博物馆成为一座现代的，同时带有中式韵味的建筑。

总平面图

# 中国园林博物馆

The Museum of Chinese Gardens and Landscape Architecture

北京市丰台区　2010 — 2013　已建成　建筑设计　室内设计　展陈设计

中国园林博物馆建筑面积 49950 平方米，是全国第一座以园林为主题的国家级博物馆，以“中国园林—我们的理想家园”为建馆理念，博物馆的建设旨在展示和传承博大精深的中国园林艺术，弘扬优秀的传统文化，成为国家园林教育、文化交流与科普宣传的窗口。中国园林博物馆的使用功能包括展览、会议、教育、办公、科研。博物馆内部共拥有 6 个固定展厅和 4 个临时展厅以及“畅园”“片石山房”“余荫山房”3 个等比例复建的室内展园。设计基于对项目立意的深入思考，对中国传统建筑语素进行了提炼和引用，使博物馆成为一座现代的，同时带有中式韵味的建筑。

总平面图

博物館

中国园林博物馆

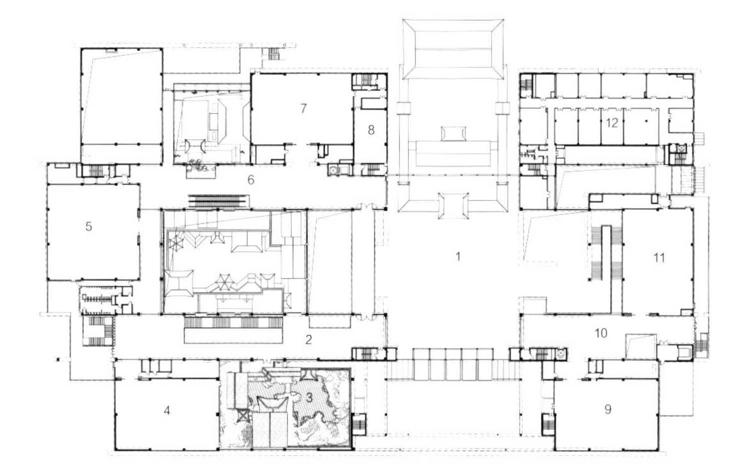

1 中央大厅上空
2 5 号休息厅
3 片石山房
4 4 号展厅
5 5 号展厅
6 6 号休息厅
7 6 号展厅
8 咖啡厅
9 3 号临展展厅
10 7 号休息厅
11 4 号临展展厅
12 办公区

二层平面图

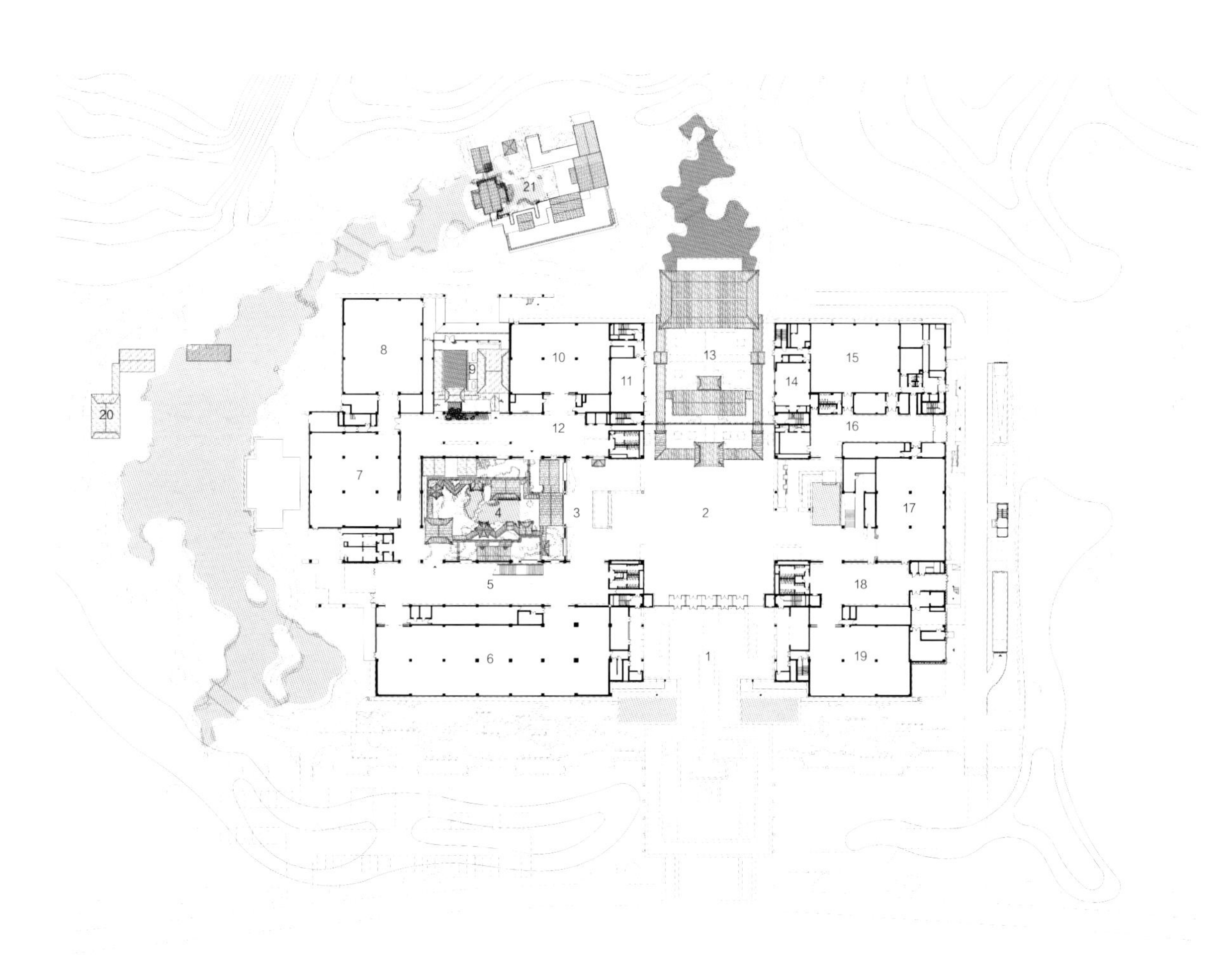

1 主入口室外庭院
2 中央大厅
3 序厅
4 畅园
5 1 号休息厅
6 1 号展厅
7 2-1 号展厅
8 2-2 号展厅
9 余荫山房
10 3 号展厅
11 商店
12 2 号休息厅
13 室外庭院
14 贵宾休息室
15 多功能厅
16 4 号休息厅
17 2 号临展展厅
18 3 号休息厅
19 1 号临展展厅
20 塔影别院
21 半亩一章

首层平面图

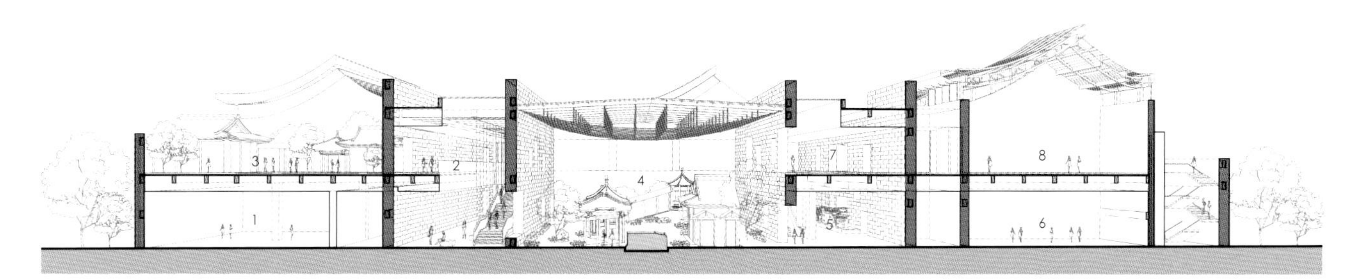

1 1号展厅
2 1号休息厅
3 片石山房
4 畅园
5 2号休息厅
6 3号展厅
7 6号休息厅
8 6号展厅

剖透视图

# 西安曲江文化创意大厦

Xi'an Qujiang Culture & Creative Building

陕西省西安市　2009 — 2013　已建成　建筑设计  室内设计  景观设计

西安曲江文化创意大厦建筑面积 61080 平方米，依据项目所在城市的性格和基地的场所特征，打造出两种业态：主体塔楼为主要业态，内部为标准写字楼；裙房部分为既可彼此连通又可相对独立的创意办公空间。塔楼与裙房围合出的“内院空间”和“景观平台”为建筑提供了一个特殊的、有层次的交流场所和休息空间。设计以研究“城市与建筑，建筑与人”的关系为出发点，推出“城市客厅”的设计理念。“城市客厅”使建筑以更积极地姿态融入城市环境之中，对外形成独立的形象，对内给使用者带来舒适宜人的空间感受，充分体现了城市、建筑、人三者和谐共生的设计理念。

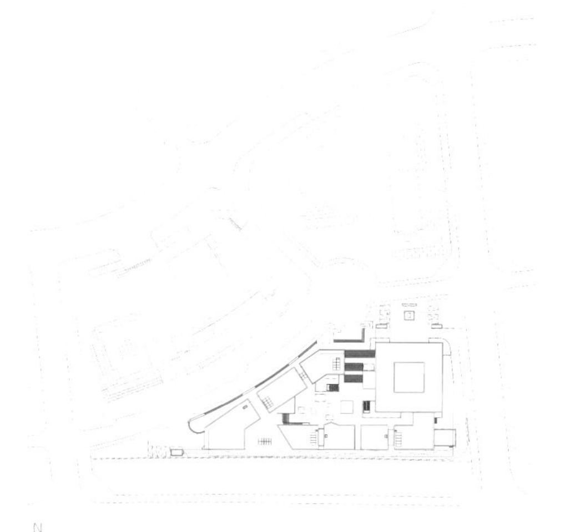

总平面图

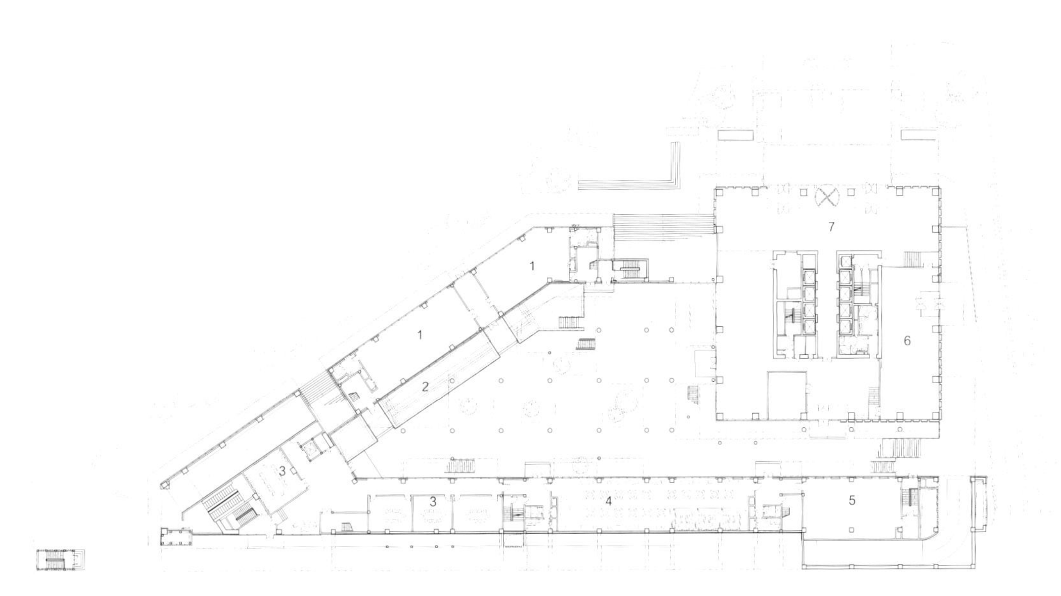


1 创意办公
2 下沉庭院上空
3 会议室
4 咖啡厅
5 超市
6 银行
7 办公大堂

平台层平面图

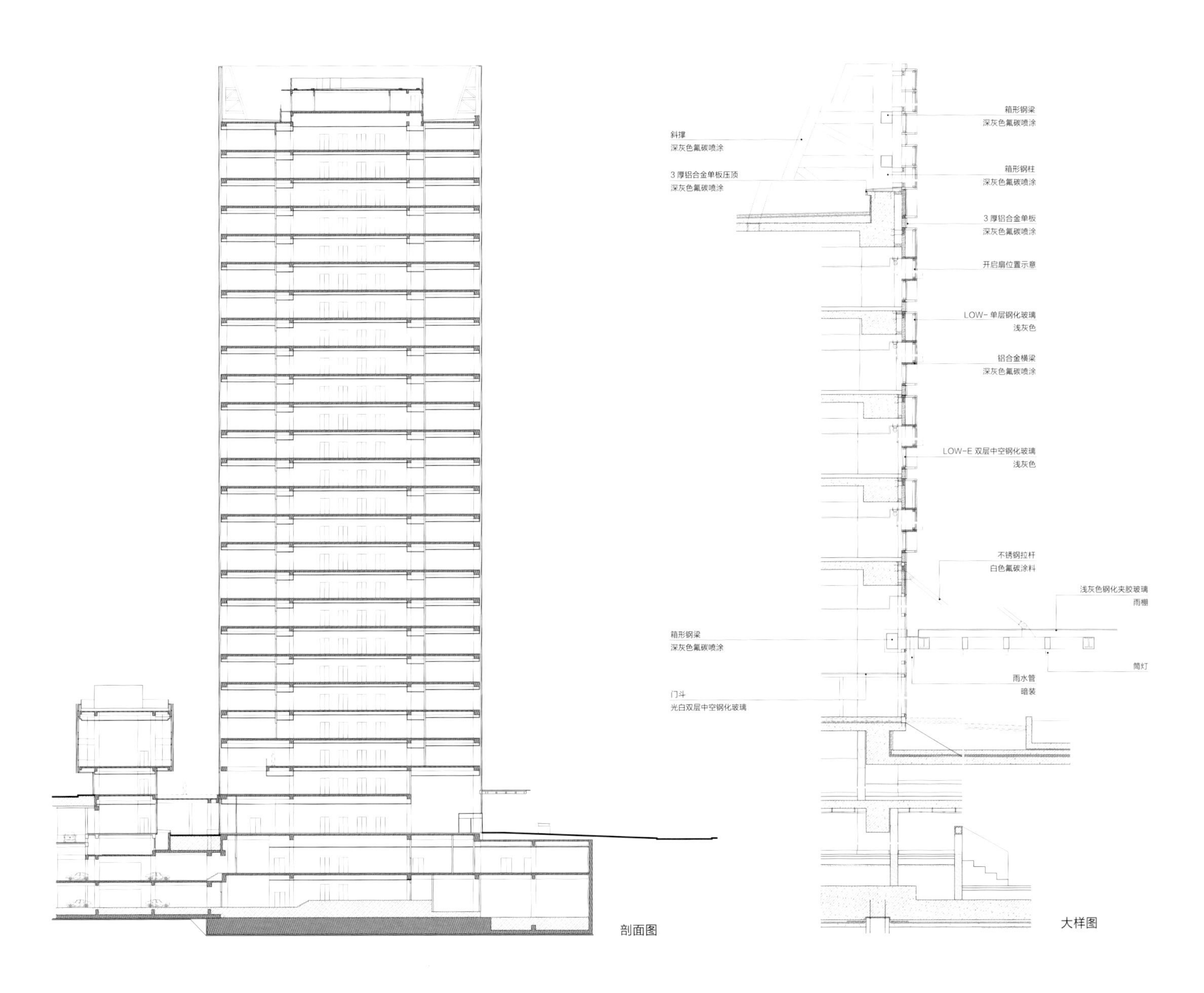
斜撑
深灰色氟碳喷涂
3 厚铝合金单板压顶
深灰色氟碳喷涂
箱形钢梁
深灰色氟碳喷涂
箱形钢柱
深灰色氟碳喷涂
3 厚铝合金单板
深灰色氟碳喷涂
开启扇位置示意
LOW- 单层钢化玻璃
浅灰色
铝合金横梁
深灰色氟碳喷涂
LOW-E 双层中空钢化玻璃
浅灰色
不锈钢拉杆
白色氟碳涂料
浅灰色钢化夹胶玻璃
雨棚
箱形钢梁
深灰色氟碳喷涂
筒灯
雨水管
暗装
门斗
光白双层中空钢化玻璃

剖面图

大样图

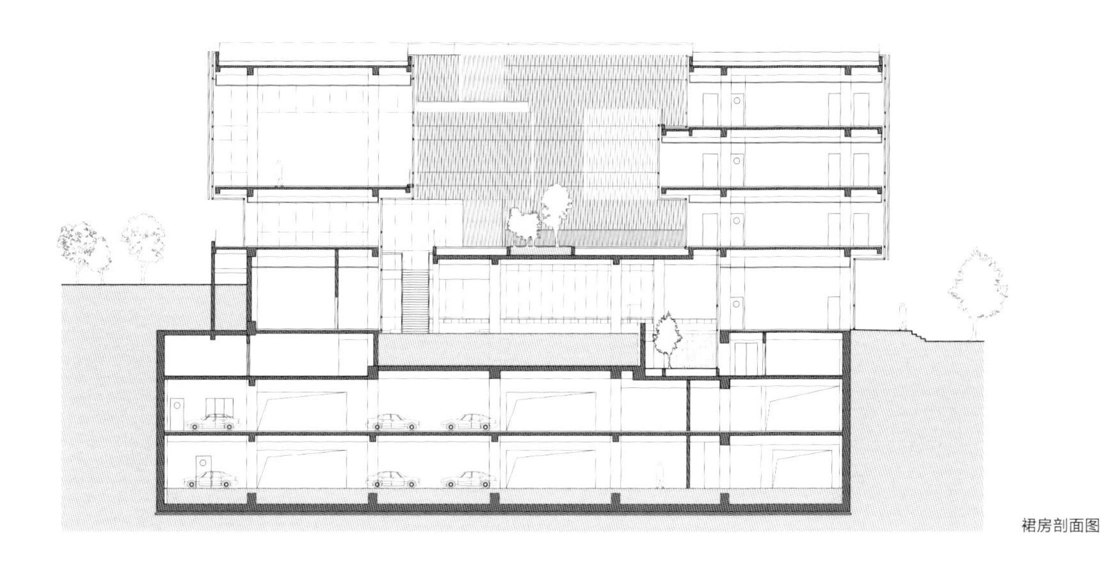

裙房剖面图

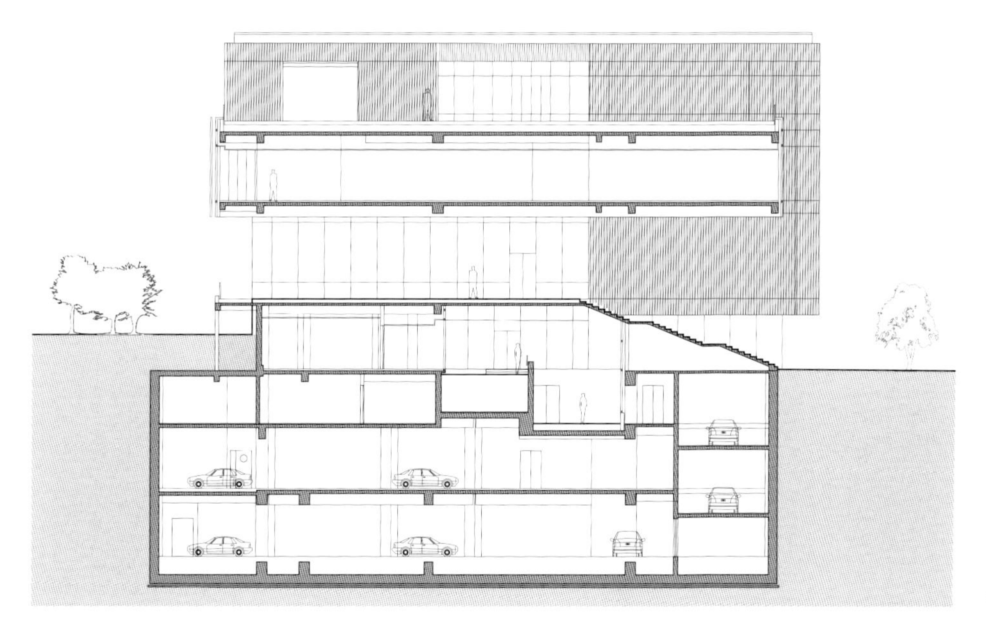

裙房剖面图

# 2016 年唐山世界园艺博览会低碳生活馆

## 2016 Tangshan World Horticultural Expo Low Carbon Lifestyle Pavilion

河北省唐山市　2013 — 2015　已建成　建筑设计　景观设计

唐山低碳生活馆建筑面积 3 000 平方米，与景观结合，在场地内部形成以展馆、雨水收集公园、太阳能风力发电体验区及竹林剧场为主的四大展区。设计希望打造一个兼具科普展示、绿色体验及人文生活的低碳生活创意示范区，在这里可以回望南湖的历史变迁，可以了解低碳知识，从而形成一种全新的、积极的、低碳的生活态度。低碳生活馆运用地源热泵、地道风、光导管、太阳能发电、风力发电及雨水收集等多项先进节能技术，不但给建筑本身带来能源，减少额外能耗，更是与展陈设计及室外装置相结合，将各技术的运作方式及原理直观地展现给游人。 漂浮在“草坡”上面的室外景观环廊成为景区标志性的眺望台。游客可以从高处环顾南湖公园这一最大的生态改造展品。

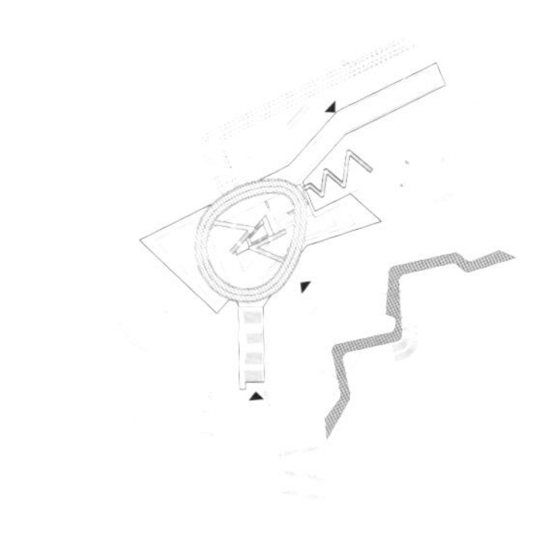


总平面图

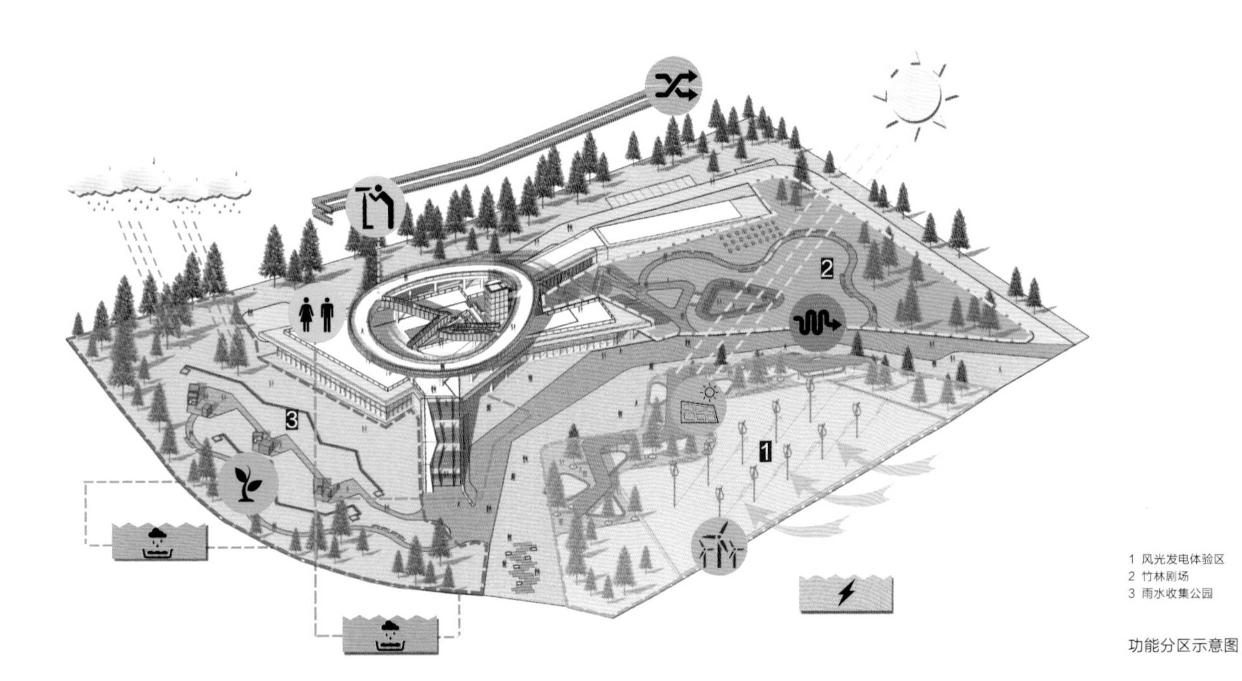


1 风光发电体验区
2 竹林剧场
3 雨水收集公园

功能分区示意图

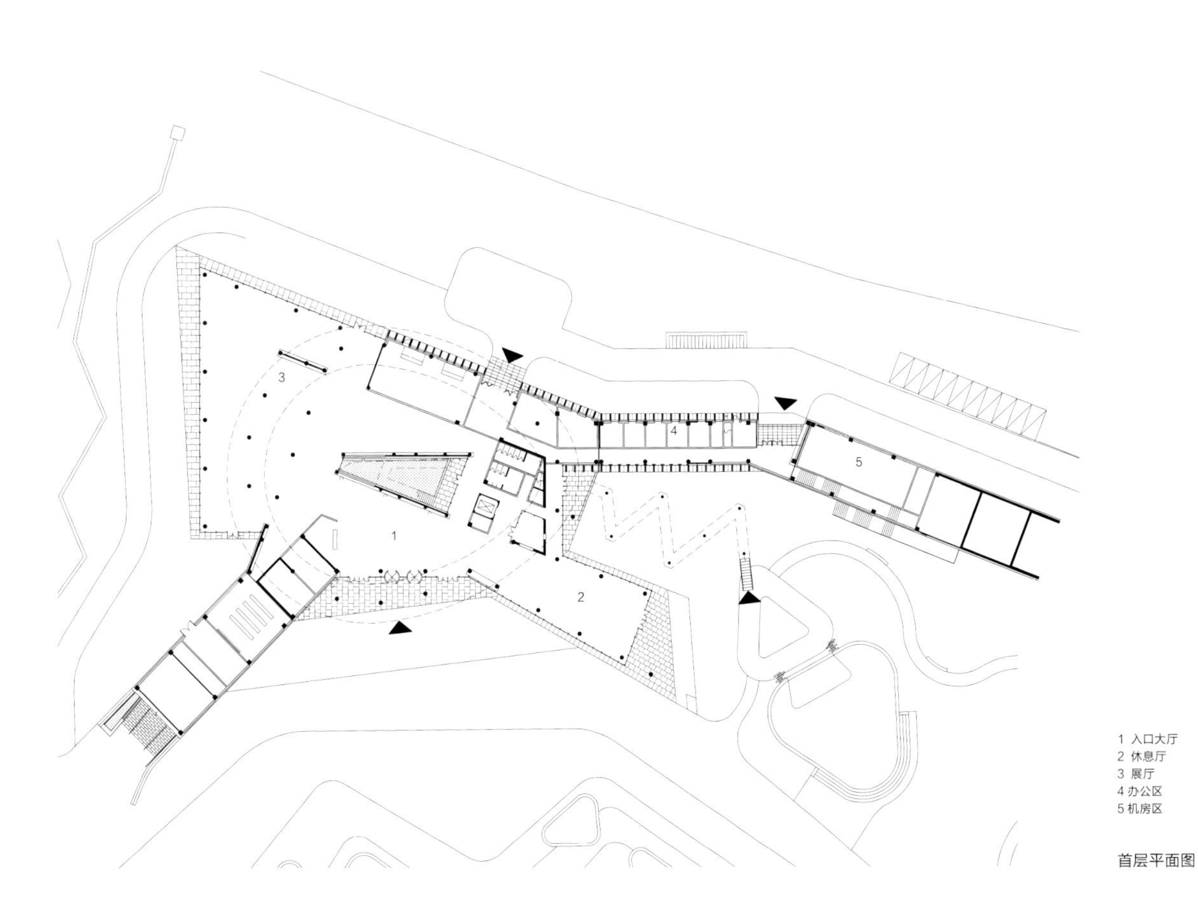


1 入口大厅
2 休息厅
3 展厅
4 办公区
5 机房区

首层平面图

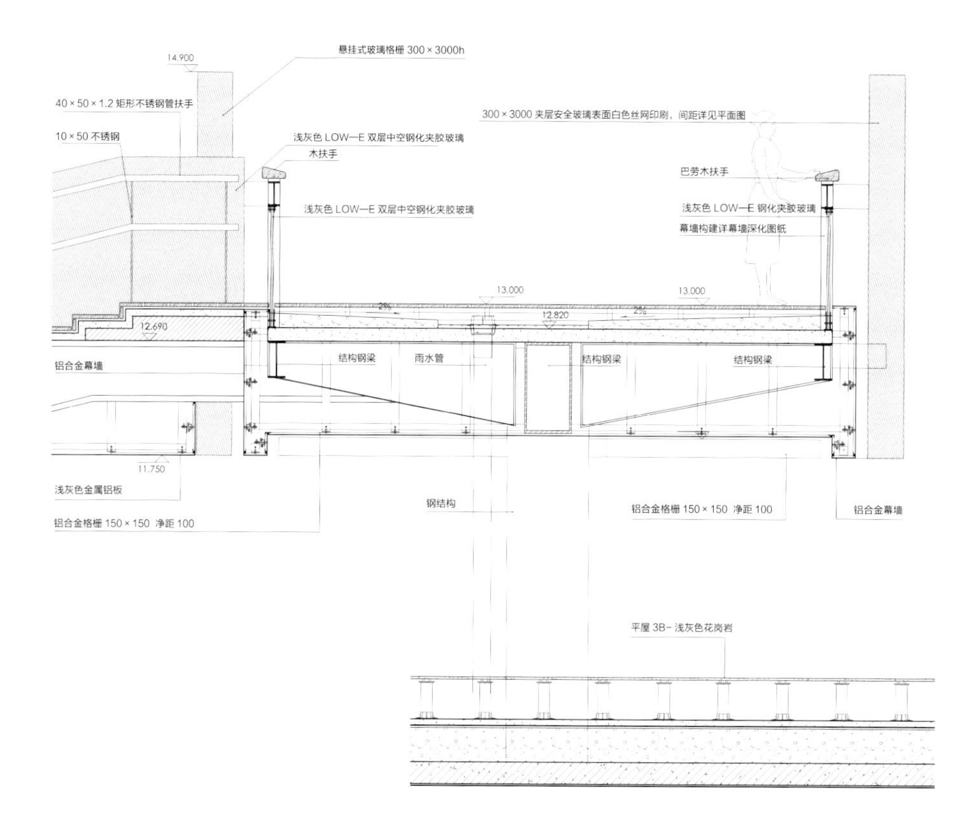
14.900
悬挂式玻璃格栅 300×3000h
40×50×1.2 矩形不锈钢管扶手
10×50 不锈钢
300×3000 夹层安全玻璃表面白色丝网印刷，间距详见平面图
浅灰色 LOW—E 双层中空钢化夹胶玻璃
木扶手
巴劳木扶手
浅灰色 LOW—E 双层中空钢化夹胶玻璃
浅灰色 LOW—E 钢化夹胶玻璃
幕墙构建详幕墙深化图纸
13.000
13.000
12.820
12.690
铝合金幕墙
结构钢梁
雨水管
结构钢梁
结构钢梁
11.750
浅灰色金属铝板
钢结构
铝合金格栅 150×150 净距 100
铝合金幕墙
铝合金格栅 150×150 净距 100
平屋 3B- 浅灰色花岗岩

墙身大样

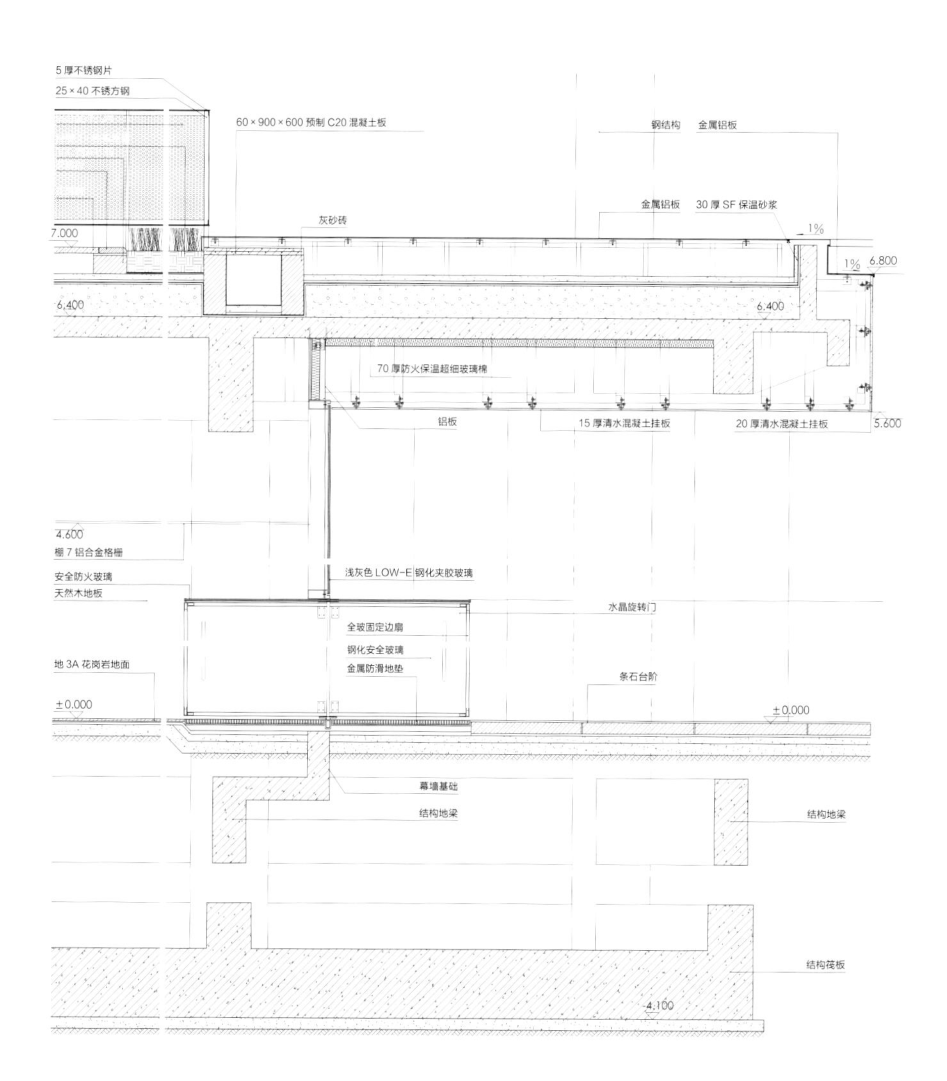
5 厚不锈钢片
25×40 不锈方钢
60×900×600 预制 C20 混凝土板
钢结构 金属铝板
金属铝板 30 厚 SF 保温砂浆
灰砂砖
7.000
1%
1%
6.800
6.400
6.400
70 厚防火保温超细玻璃棉
铝板
15 厚清水混凝土挂板
20 厚清水混凝土挂板
5.600
4.600
梃 7 铝合金格栅
浅灰色 LOW—E 钢化夹胶玻璃
安全防火玻璃
天然木地板
水晶旋转门
全玻固定边扇
钢化安全玻璃
金属防滑地垫
地 3A 花岗岩地面
条石台阶
±0.000
±0.000
幕墙基础
结构地梁
结构地梁
结构筏板
-4.100

墙身大样

# 中关村软件园国际交流与技术转移中心

Zhongguancun International Exchange and Technology Transfer Center

北京市海淀区　2012 — 2017　已建成　建筑设计　景观设计

项目用地位于软件园二期的西侧端点，总建筑面积 60000 平方米，其中地上 5 层，地下 2 层，建筑高度 30 米。主要功能为办公、会议等。本项目作为软件园面向城市空间的重要节点，通过空中漂浮的形体将隔路相对的地块相连通，形成一个完整形象的门区建筑。建筑整体形象下方稳重、坚实，上方轻盈、动感。漂浮扭转的形体寓意 IT 行业的高科技本质和永无极限的创新精神，金属与玻璃的组合体现着软件园的现代与科技感。下沉庭院、屋顶平台以及内庭院形成多层次的景观空间，改善办公空间的品质；应用绿色建筑科技、节水节电系统，也是本项目的特点之一。

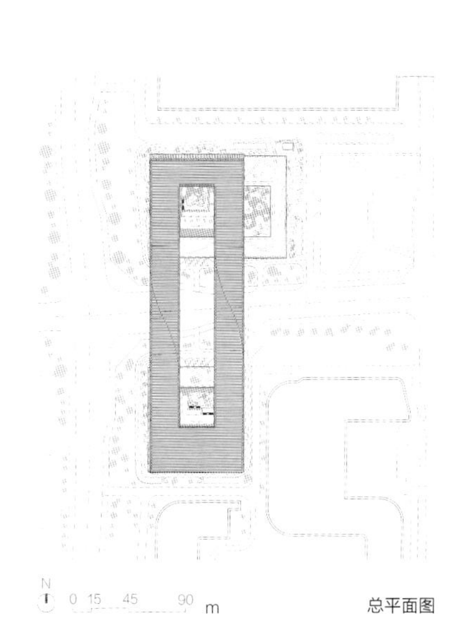


总平面图

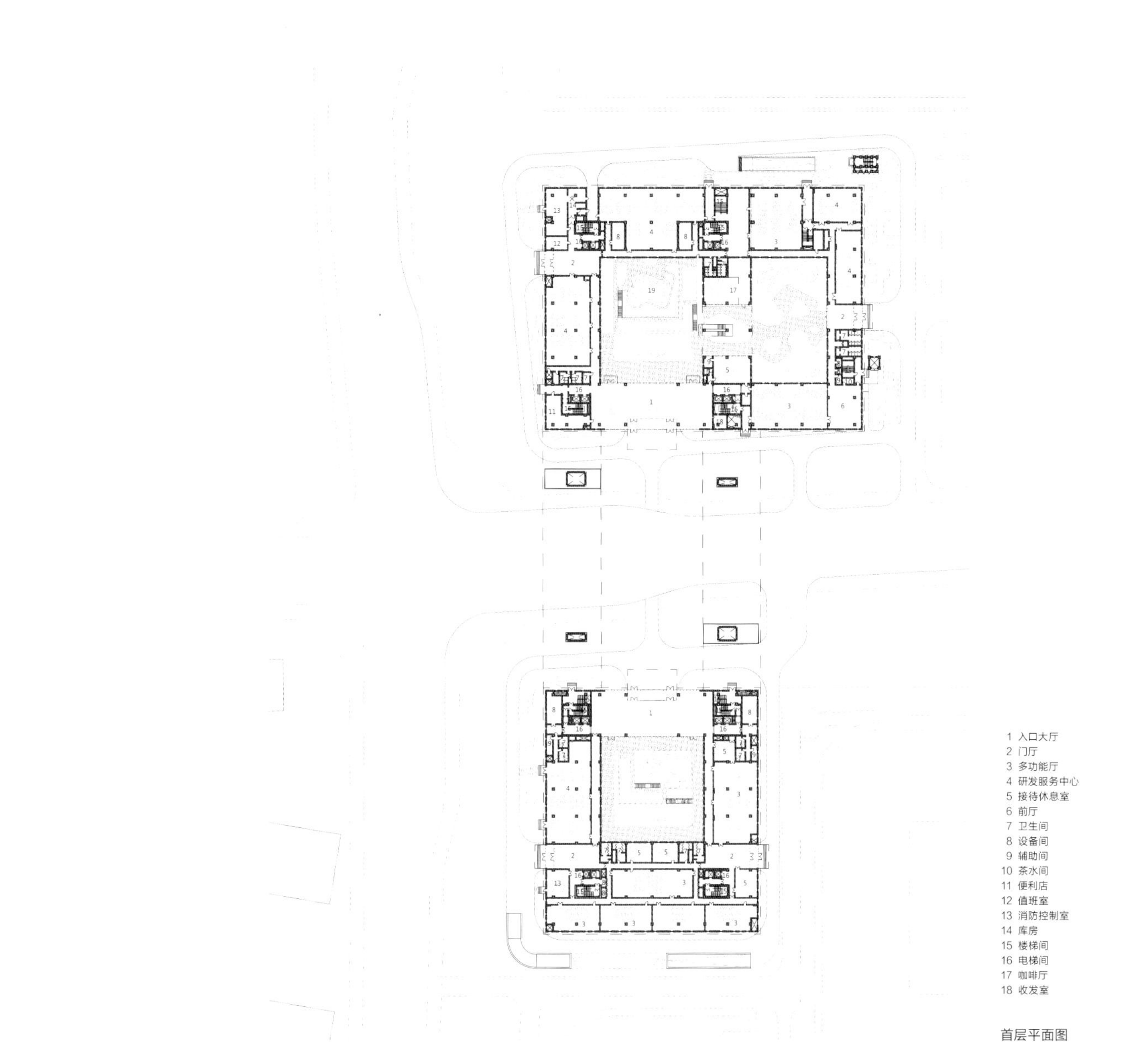
1 入口大厅
2 门厅
3 多功能厅
4 研发服务中心
5 接待休息室
6 前厅
7 卫生间
8 设备间
9 辅助间
10 茶水间
11 便利店
12 值班室
13 消防控制室
14 库房
15 楼梯间
16 电梯间
17 咖啡厅
18 收发室

首层平面图

南立面图

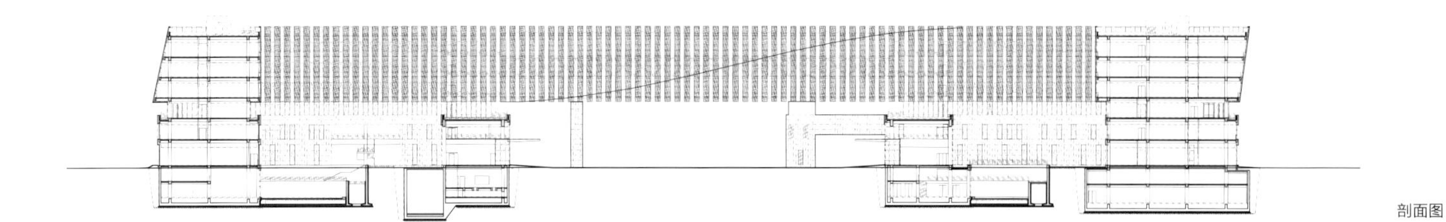

剖面图

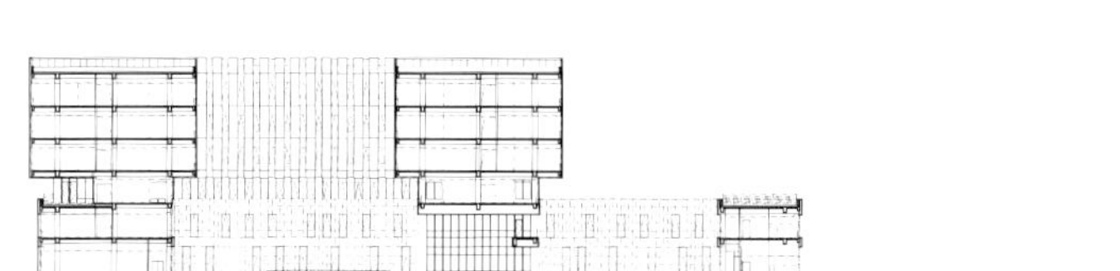

剖面图

# 中央财经大学沙河校区二期 C8 地块教学楼、教学服务楼

Central University of Finance and Economics Academic Building

北京市昌平区　2015 — 2018　建设中　建筑设计　景观设计　室内设计

中央财经大学沙河校区位于北京市昌平区沙河高教园区 C8 地块，是包含了教学楼和教学服务楼两栋单体建筑、场地内景观以及室内精装修的一体化设计实践。

已建成校区的控制性规划借鉴《俄勒冈实验》理论，形成了校园全新的发展模式。本项目在延续《俄勒冈实验》规划理论基础上，将室外公共空间的局部，打开形成核心空间，与室内公共空间相互渗透，串联成为连续的公共空间序列，打造校园“活力场”。营造舒适、活泼、开敞、自由的一体式“活力场”空间氛围，使之成为中央财经大学新校区的活力中心和精神高地。

总平面图

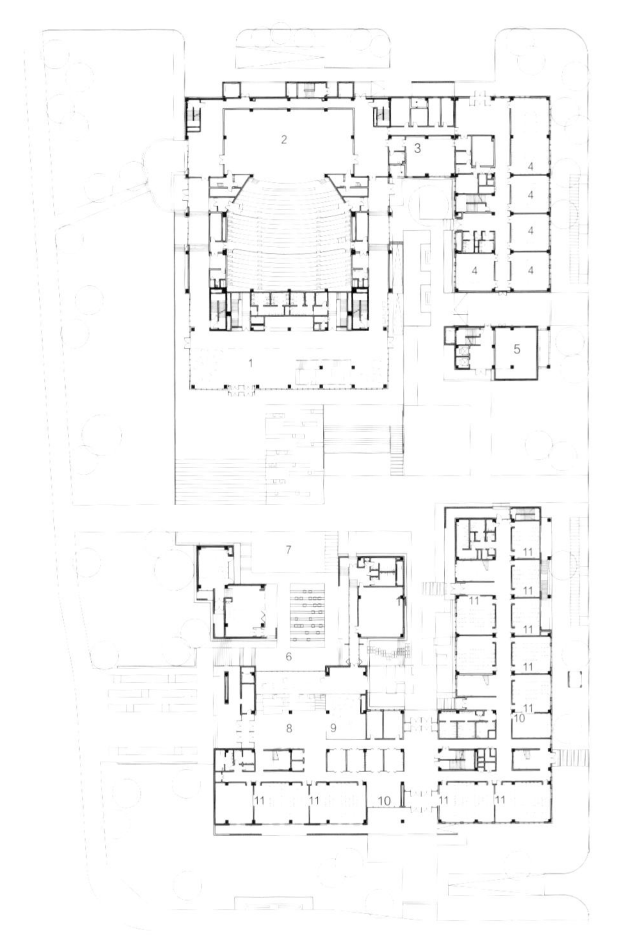

首层平面图

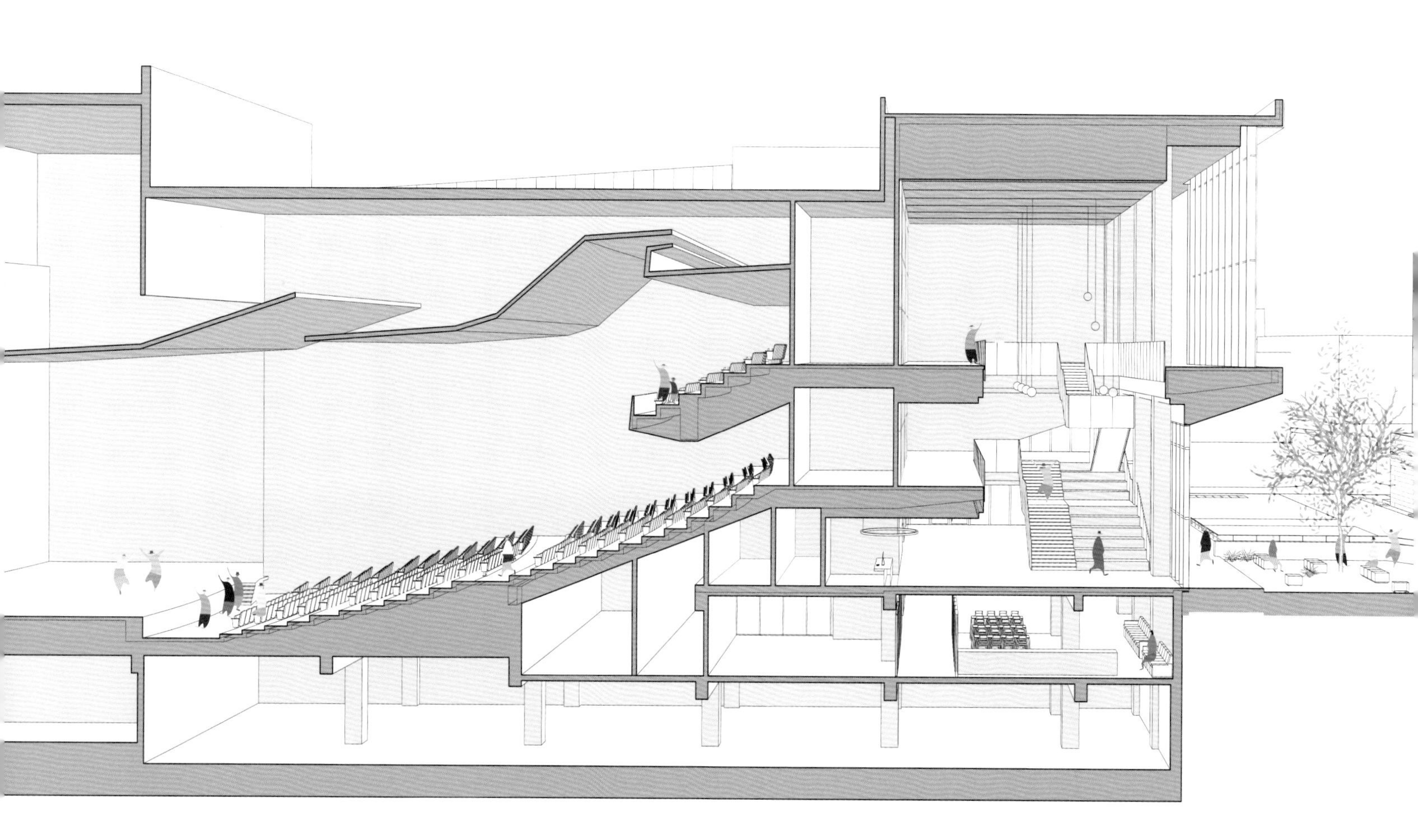

剖透视图

# 中铝科学技术研究院

## China Lco Research Institute of Science and Technology

北京市昌平区　2010 至今　一期已建成，二期建设中　建筑设计　景观设计

中铝科学技术研究院项目总面积 286000 平方米，是未来科技城十三家央企同期建设创新、研发机构集群之一。中铝科学技术研究院项目的规划设计呈现出一轴、两心、多条带的规划结构。绿轴的总体概念贯穿了设计的全部内容，高效地将三块用地结合在了一起，同时也满足了功能和分期建设的要求，并且形成了出色的空间和景观效果。建筑设计结合中国传统的建筑形式，通过现代的设计手法，简约提炼，突出“台与体”的结合，使周边建筑主体与绿轴形成了良好的空间关系。功能上，“台与体”的建筑模式将功能以垂直结构分布，将灵活公共的大空间依托于“台”，相对固定私密的空间依托于“体”。

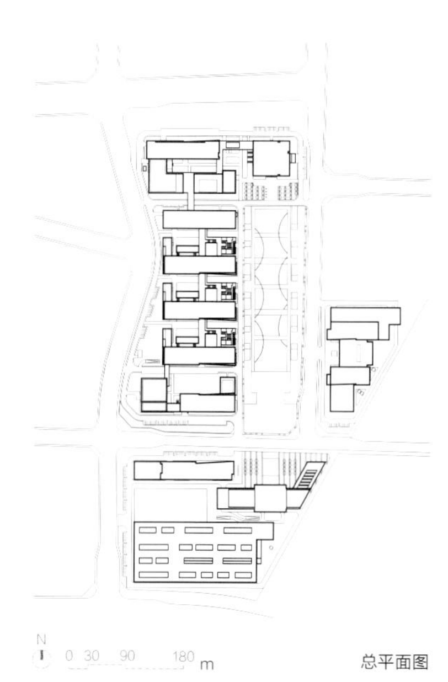


总平面图

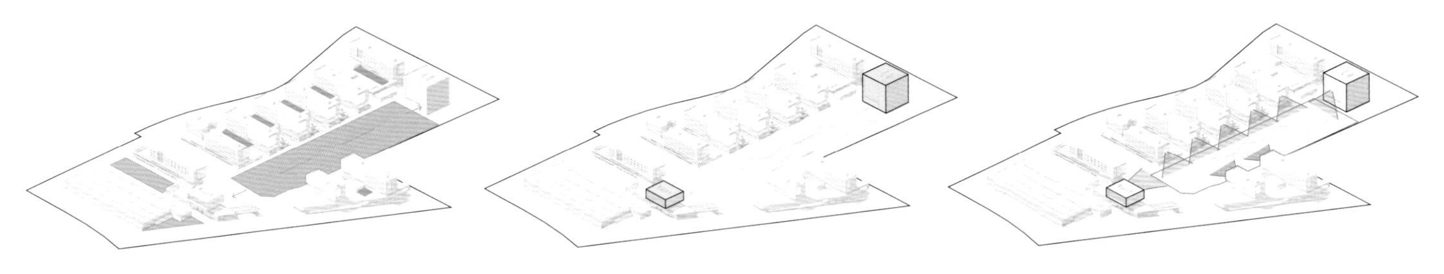

一轴：超尺度绿化景观轴

两心：位于绿化轴线南北两端节点，北侧为标志性高层塔楼，南侧为水平体量的办公楼

多带：面向绿化轴的板式办公楼

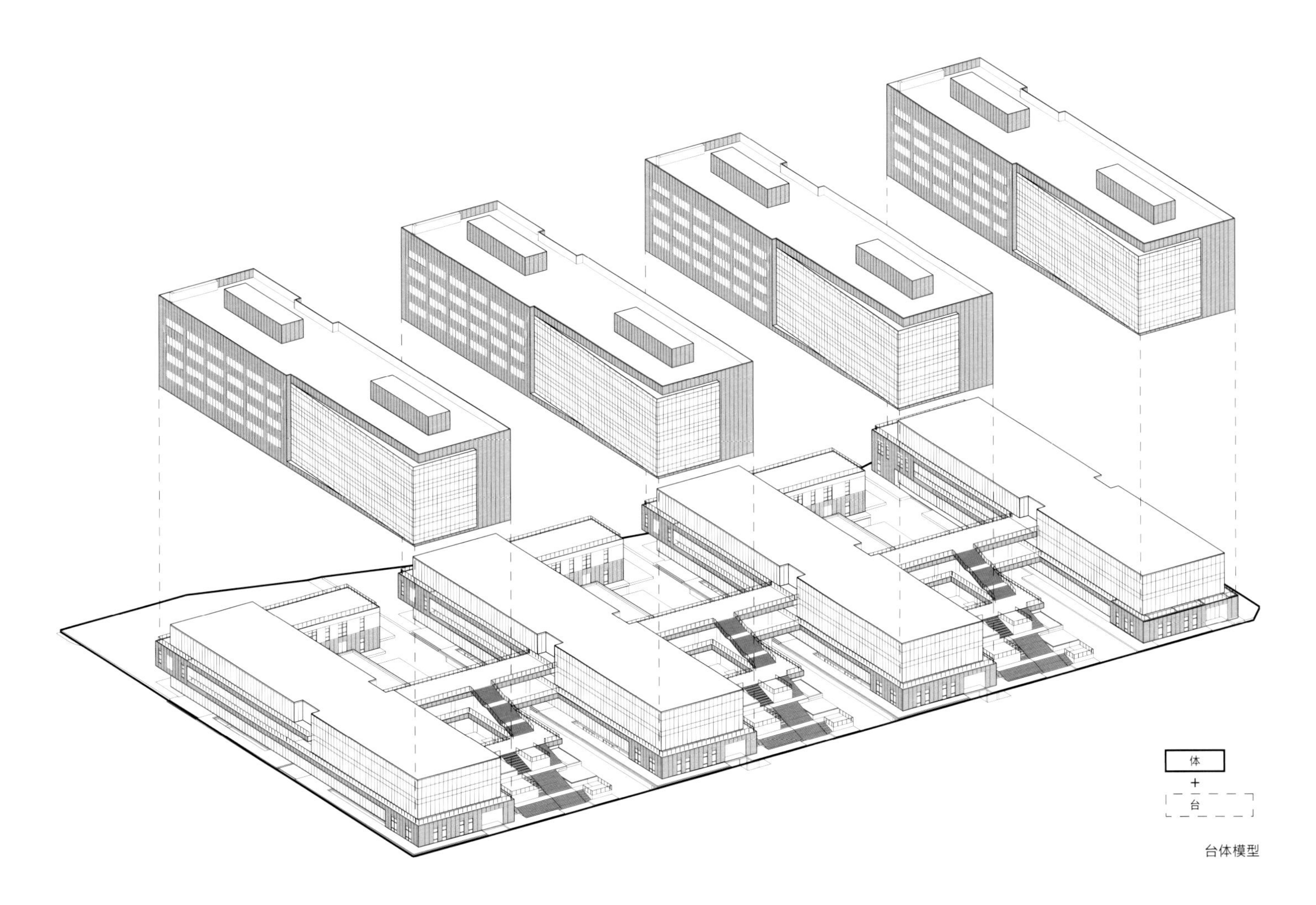


台体模型

# 河北省第三届园林博览会主展馆

Main Pavilion of the Third Hebei Province Garden Expo

河北省秦皇岛市　2016 — 2018　已建成　建筑设计　景观设计

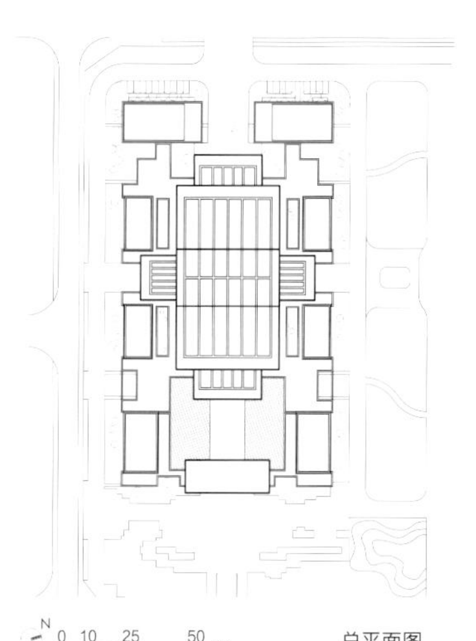

总平面图

项目坐落在秦皇岛市栖云山脚下，总建筑面积 16000 平方米。主展馆在会时将成为风景园林与城市风貌等室内展览的载体，并作为园林博览会会议中心，承担大会开幕式、报告会、大型论坛等活动；会后则作为秦皇岛市高端会议中心，结合栖云山片区的综合利用发展，实现建筑功能的可持续发展。

主场馆建筑平面布局借鉴中国传统建筑的特点，采用层层递进的园林空间序列，渐入画境，建筑的不同功能体量与内部院落有序的组织和结合，与周边环境形成一个有机的整体。新中式的建筑风格简约大方，出檐深远的金属屋面，充满变化的建筑立面，向上伸展的玻璃体块，在光影的变换下营造出典雅、恢宏的展会氛围。

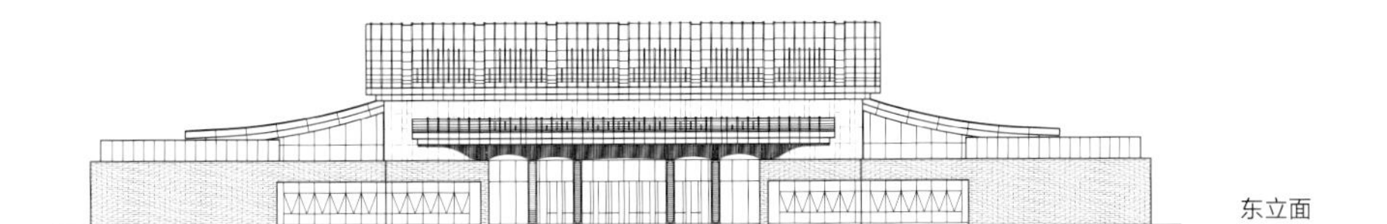

东立面

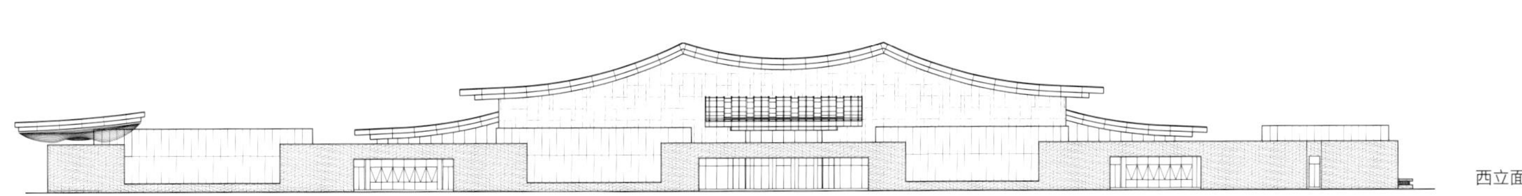

西立面

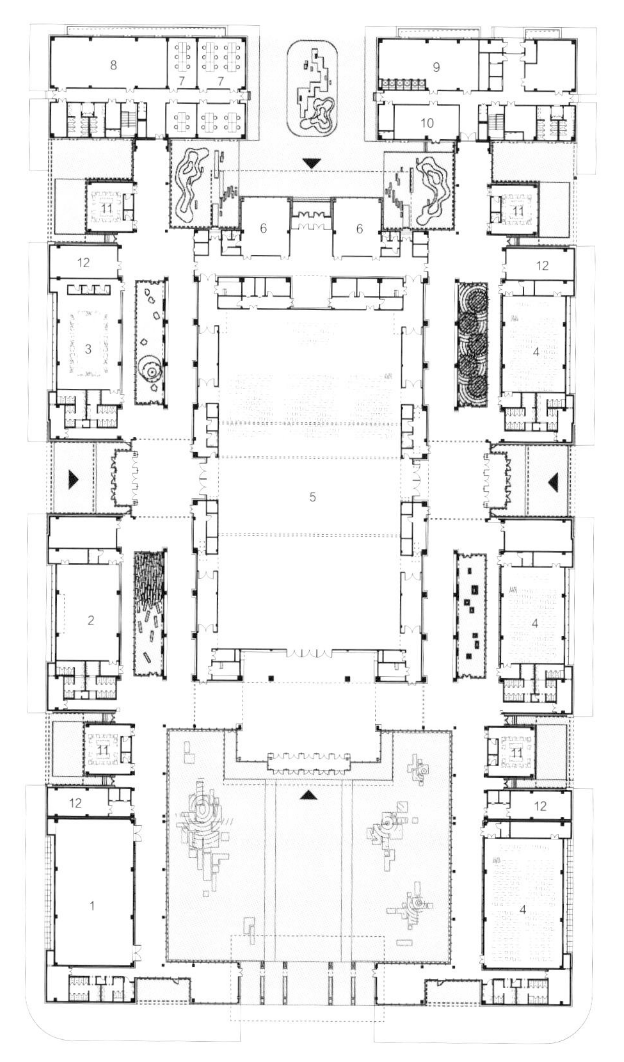

1 固定展厅
2 指挥中心
3 VIP 接待室
4 会时论坛
5 会时主展厅
6 管理中心
7 办公
8 变配电室
9 备餐区
10 消防控制室
11 休息厅
12 空调机房

平面图

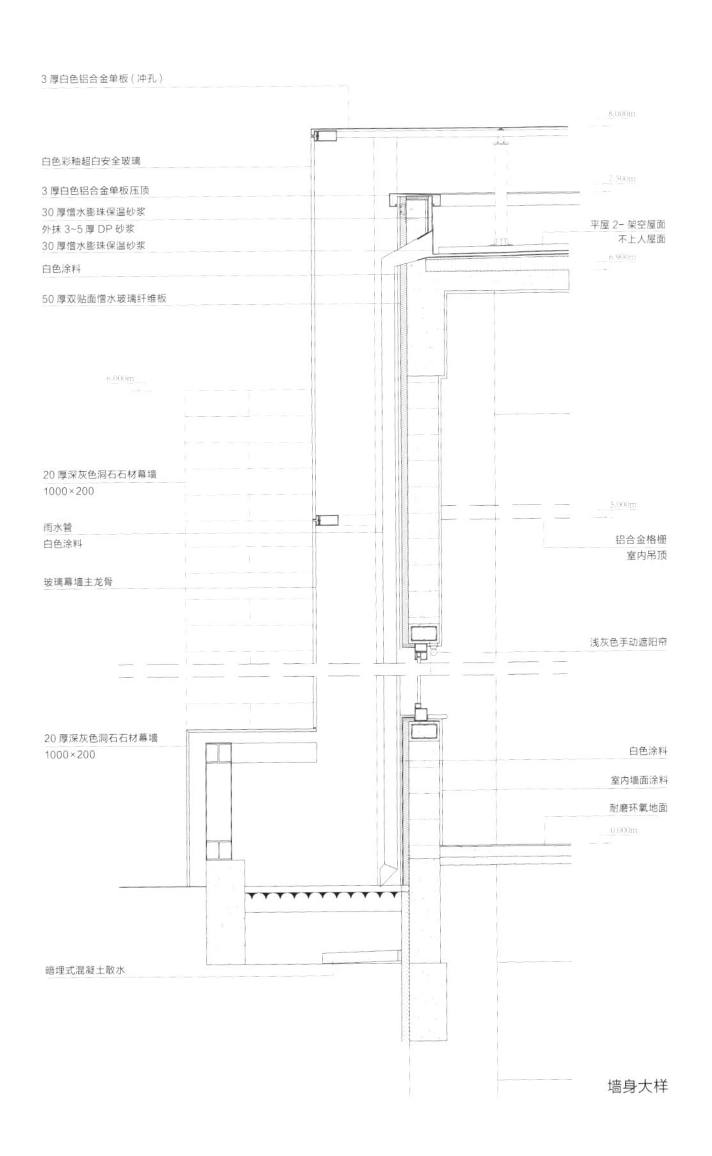

3 厚白色铝合金单板（冲孔）
8.000m
白色彩釉超白安全玻璃
3 厚白色铝合金单板压顶
7.500m
30 厚憎水膨珠保温砂浆
外抹 3~5 厚 DP 砂浆
30 厚憎水膨珠保温砂浆
平屋 2- 架空屋面
不上人屋面
6.900m
白色涂料
50 厚双贴面憎水玻璃纤维板
6.000m
20 厚深灰色洞石石材幕墙
1000×200
5.000m
雨水管
白色涂料
铝合金格栅
室内吊顶
玻璃幕墙主龙骨
浅灰色手动遮阳帘
20 厚深灰色洞石石材幕墙
1000×200
白色涂料
室内墙面涂料
耐磨环氧地面
0.000m
暗埋式混凝土散水


墙身大样

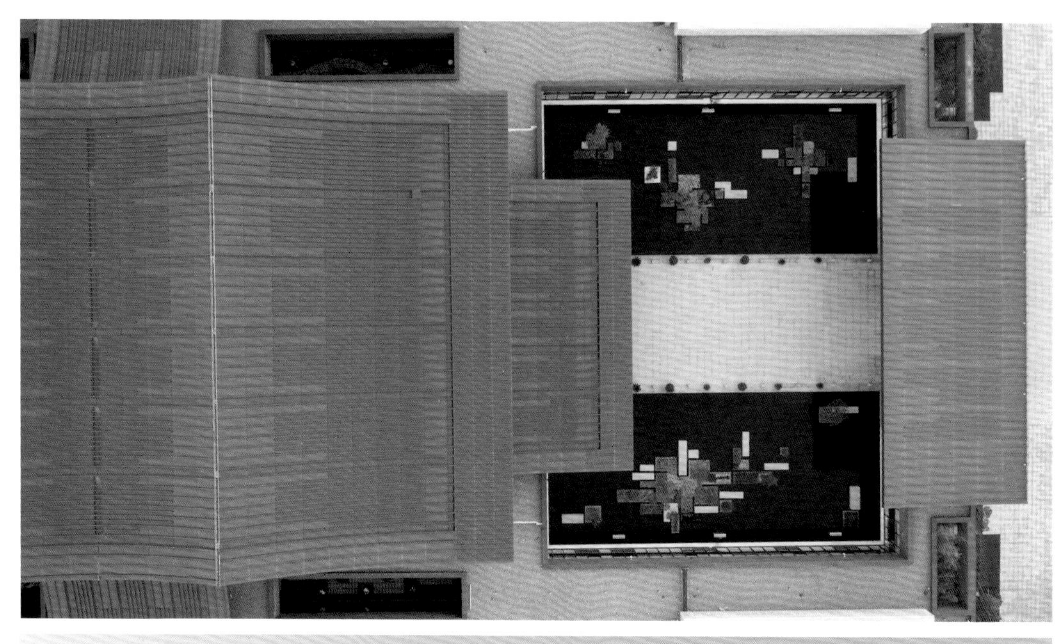

## 河北省第三届园林博览会绿色馆

Botanic Pavilion of the Third Hebei Province Garden Expo

河北省秦皇岛市　2016 — 2018　已建成　建筑设计

绿色馆选址位于河北省第三届园林博览会核心位置，也是园区南部唯一的标志性建筑，总建筑面积 8800 平方米。设计以高度理性的角度审视建筑与环境、人工与自然的关系。建筑类别为温室建筑，但在会期承载着展览功能，所以设计会受到温室建筑的限制，又同时要兼顾展会时的展览功能。建筑主体结构和外围护结构均严格以标准模数进行设计，采用装配式建造工艺；对温室建筑的采光、通风、遮阳、加湿、清洁能源利用等功能进行整合，充分利用自然条件和人工调节手段，以达到夏季完全取消空调系统的目标。建筑形象追随功能，大量的开启门窗扇结合透光的立面材料，使得建筑轻盈通透，开放的界面模糊了建筑与环境的关系，使得人工与自然有机地结合起来。

总平面图

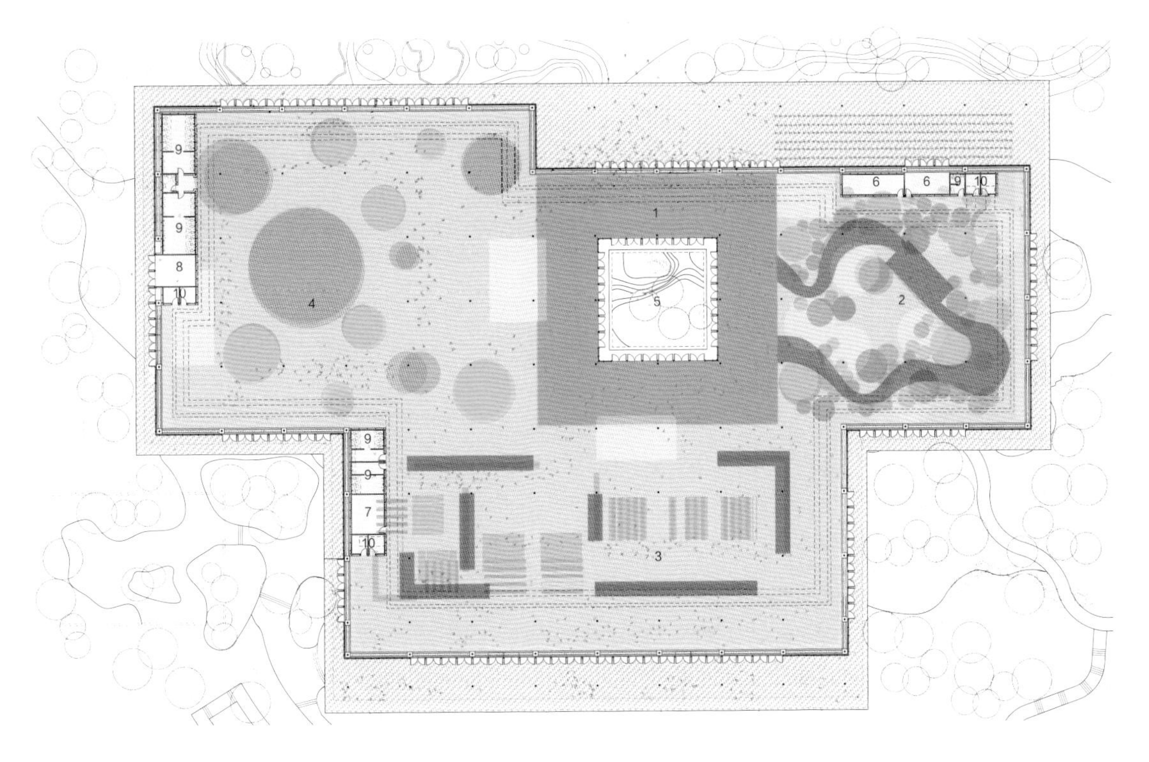

1 公共大厅
2 精品固定展厅
3 绿色生活互动展厅
4 活动竞赛临展厅
5 室外庭院
6 游客服务
7 办公室
8 消防安防中控室
9 卫生间
10 设备间

首层平面图

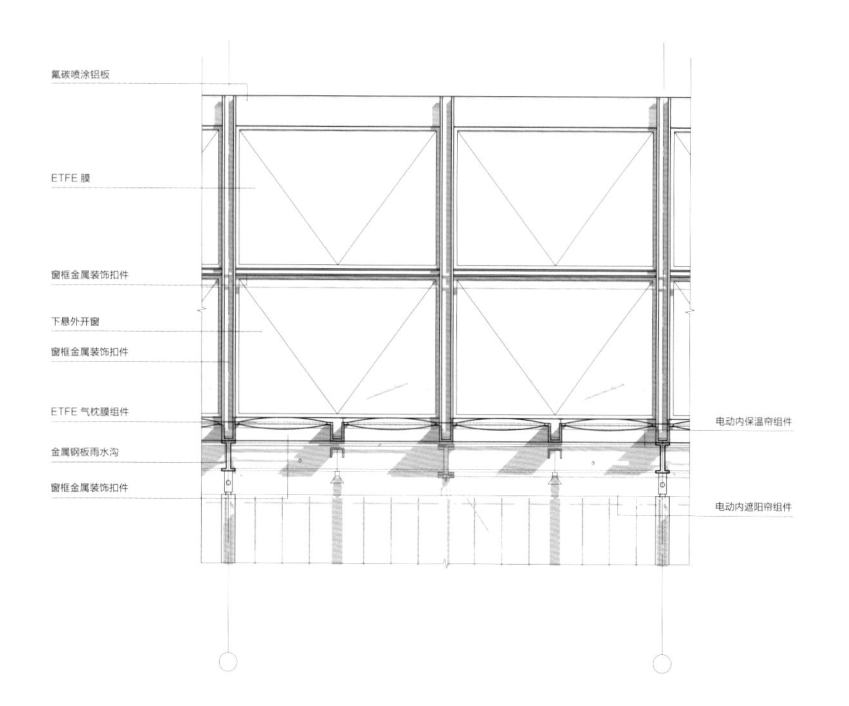

氟碳喷涂铝板
ETFE 膜
窗框金属装饰扣件
下悬外开窗
窗框金属装饰扣件
ETFE 气枕膜组件
金属钢板雨水沟
窗框金属装饰扣件
电动内保温帘组件
电动内遮阳帘组件


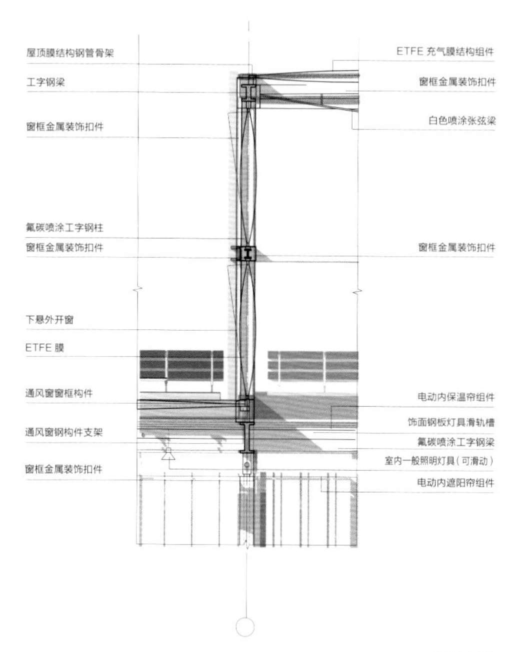

屋顶膜结构钢管骨架
工字钢梁
窗框金属装饰扣件
氟碳喷涂工字钢柱
窗框金属装饰扣件
下悬外开窗
ETFE 膜
通风窗窗框构件
通风窗钢构件支架
窗框金属装饰扣件
ETFE 充气膜结构组件
窗框金属装饰扣件
白色喷涂张弦梁
窗框金属装饰扣件
电动内保温帘组件
饰面钢板灯具滑轨槽
氟碳喷涂工字钢梁
室内一般照明灯具（可滑动）
电动内遮阳帘组件


墙身大样

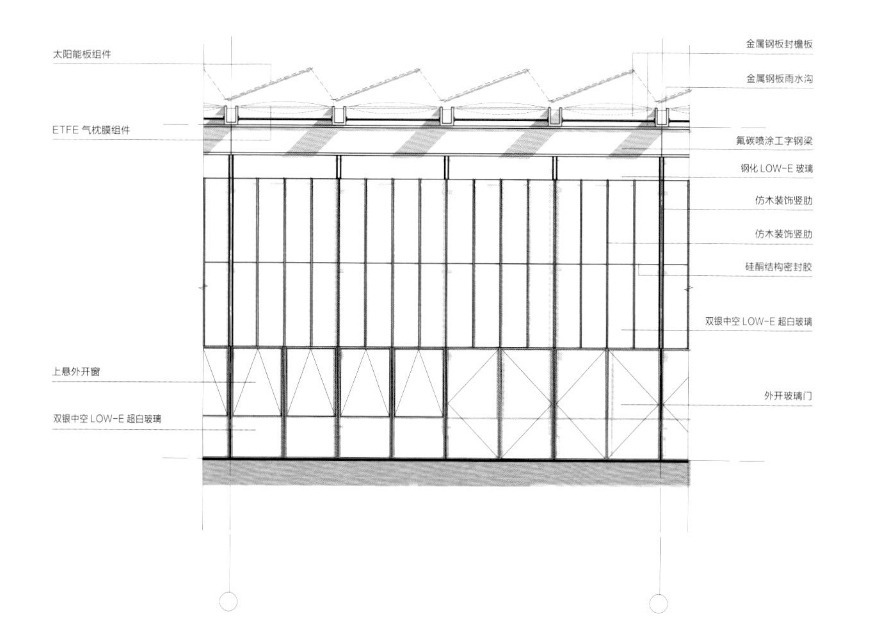

太阳能板组件
ETFE 气枕膜组件
上悬外开窗
双银中空 LOW-E 超白玻璃
金属钢板封檐板
金属钢板雨水沟
氟碳喷涂工字钢梁
钢化 LOW-E 玻璃
仿木装饰竖肋
仿木装饰竖肋
硅酮结构密封胶
双银中空 LOW-E 超白玻璃
外开玻璃门


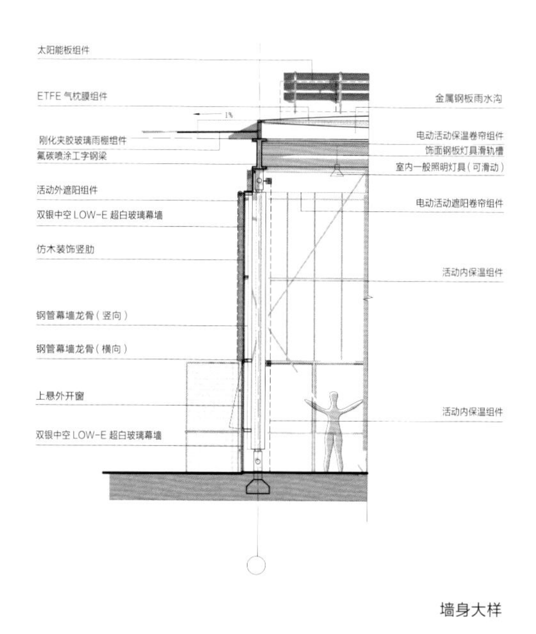

太阳能板组件
ETFE 气枕膜组件
刚化夹胶玻璃雨棚组件
氟碳喷涂工字钢梁
活动外遮阳组件
双银中空 LOW-E 超白玻璃幕墙
仿木装饰竖肋
钢管幕墙龙骨（竖向）
钢管幕墙龙骨（横向）
上悬外开窗
双银中空 LOW-E 超白玻璃幕墙
金属钢板雨水沟
电动活动保温卷帘组件
饰面钢板灯具滑轨槽
室内一般照明灯具（可滑动）
电动活动遮阳卷帘组件
活动内保温组件
活动内保温组件


墙身大样

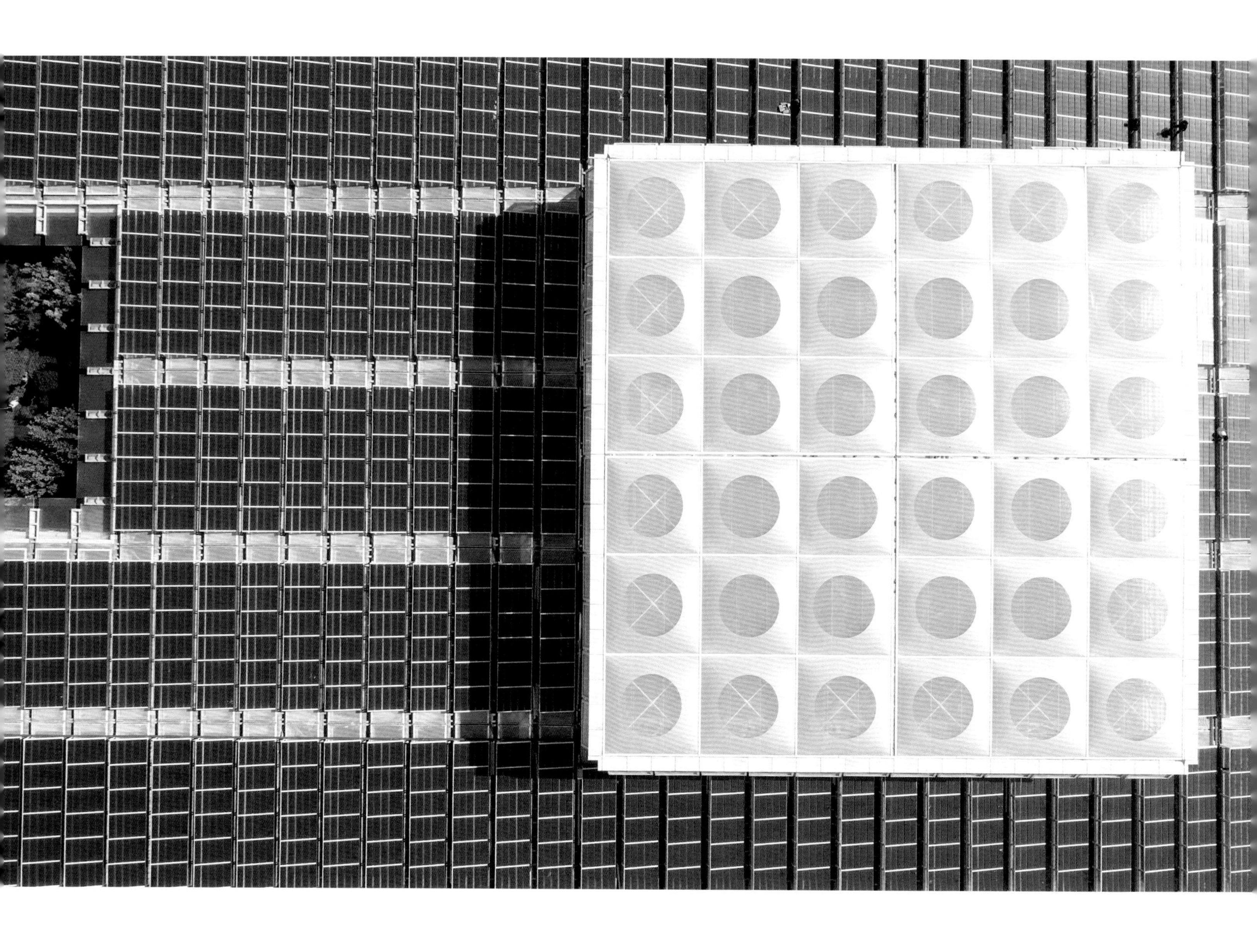

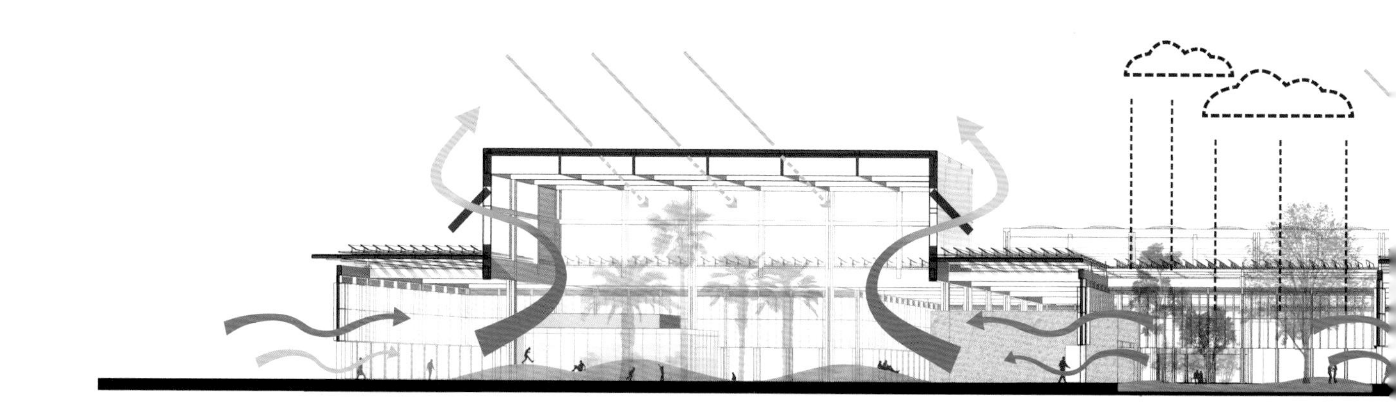

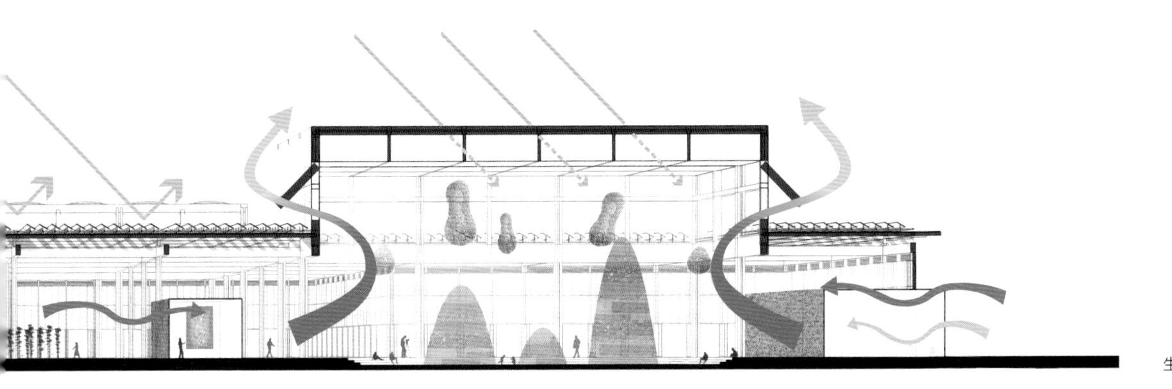

生态分析图

# 烟台植物园景观温室

Yantai Botanic Garden Green House

山东省烟台市　2013 至今　建设中

温室选址在植物园东南一隅，总建筑面积 6000 平方米。周边微山起伏，树木葱郁。温室北侧是高差 28 米的山丘，从东侧山谷流过的清泉，在温室前汇成一池碧水。因功能的需要，建筑有着变化的高度和单一的钢及玻璃材质，这使得建筑自身不得不成为空间的重要角色之一，然而这里还有一位真正的主角——四方的风景。所以设计的策略是：倾听自然的声音，并用最简单的方式与之回应！屋面曲线与周遭的地形特点相呼应，以此建立起自然与人工的过渡；形式趣味源自对传统绘画技法的提炼，与真实的山水形成抽象和具象的比较关系。错落的平面布局既满足各展区自然通风和采光的需求，又形成隔而不断、层层递进的空间层次。

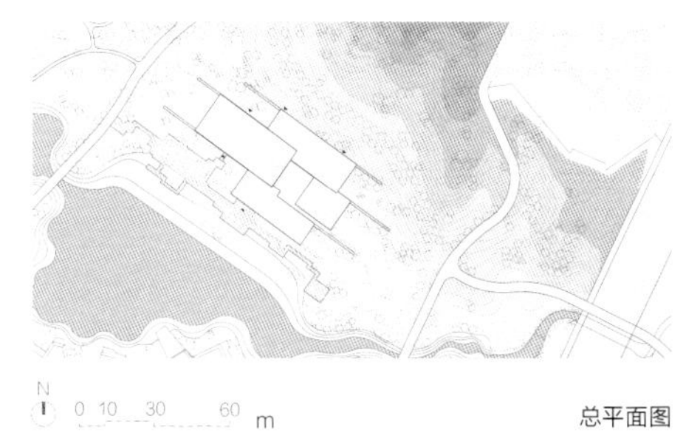


总平面图

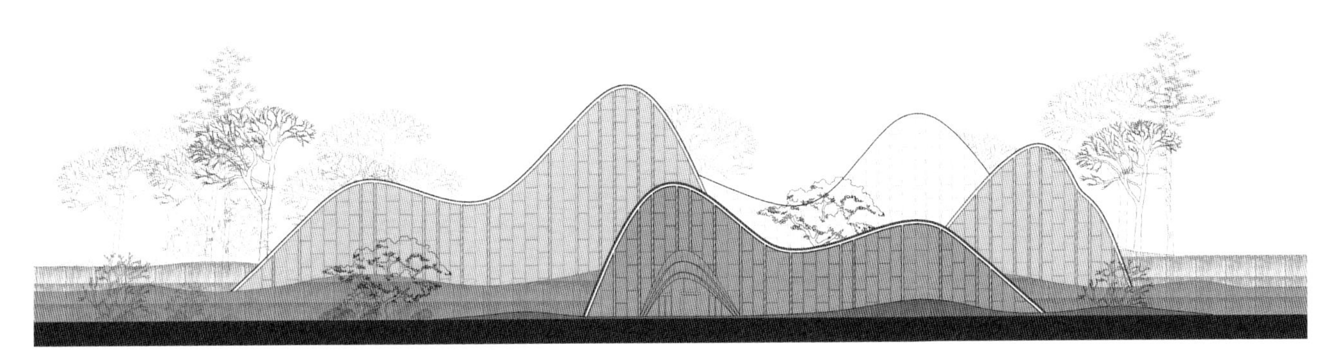
立面图

剖面图

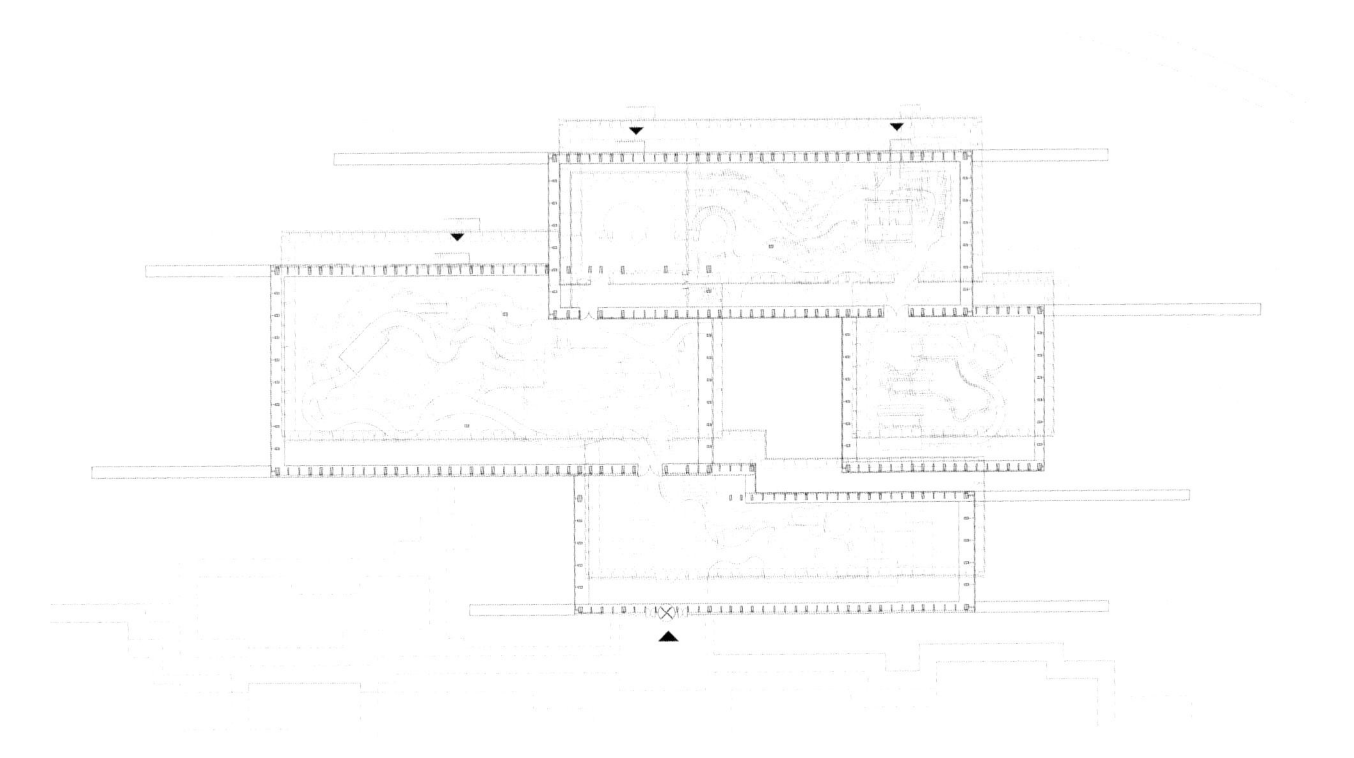
首层平面图

## 2019 年中国北京世界园艺博览会植物馆

2019 World Horticultural Expo Botanic Pavilion

北京市延庆区　2015　提案

方案选址位于 2019 年世界园艺博览会核心位置，南望古长城，北依海坨山及妫河，西有谷家营村烽火台。用地北侧紧邻园艺小镇，南侧和西侧为企业展园，东侧为园艺游览体验带，是整个世园区西部的重要空间节点。用地及其周边地势非常平坦，设计需要在这一片开阔之地寻找到连接各环境要素的方法。建筑形体按照使用功能及其特点逐步推导而成，对于温室建筑的采光、通风、遮阳、换展、检修乃至供能都有系统的考虑，使得建筑形式、结构形式、能源系统，三者有机结合。文化表达以简单的现代建筑语言提取群山的环境意向，空间特点探寻道法自然的中国园林文化意趣。

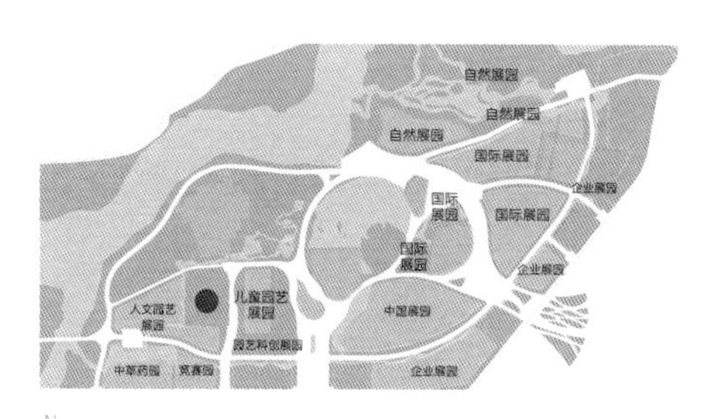


项目区位图

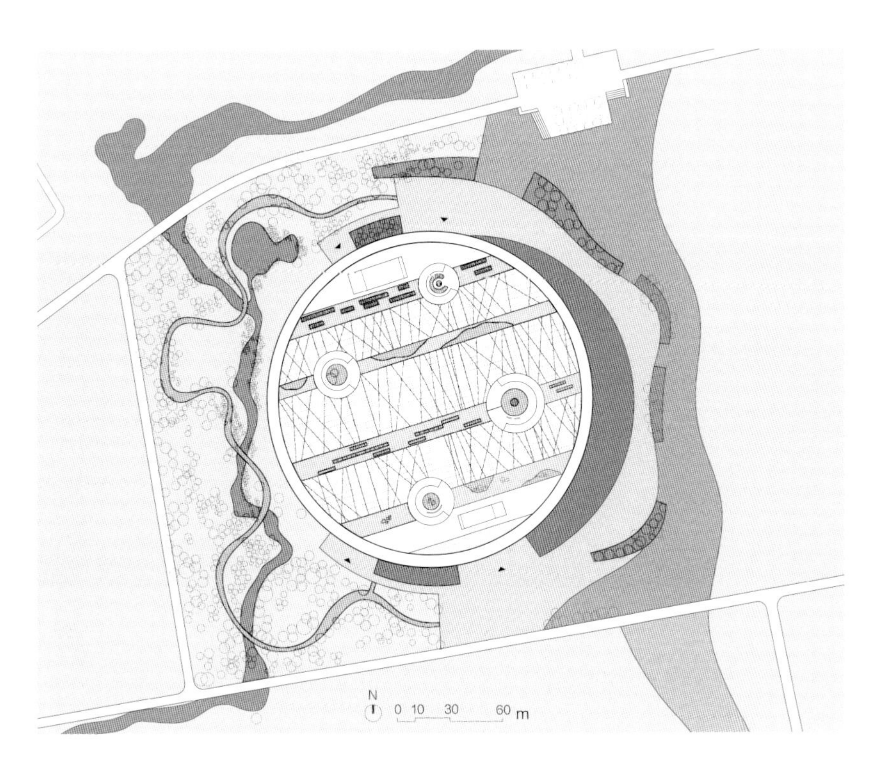


总平面图

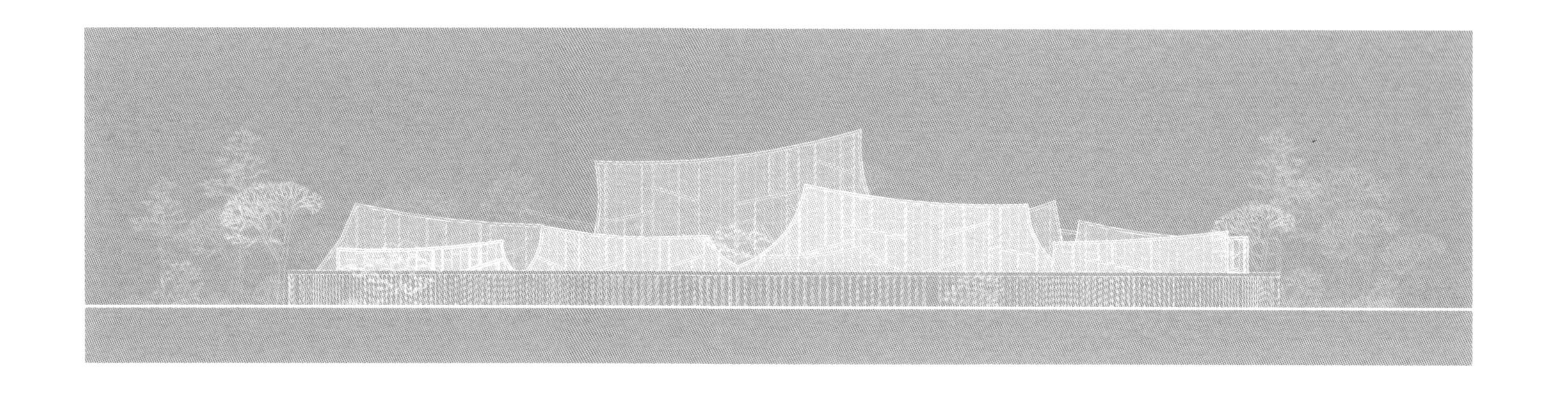

行

望

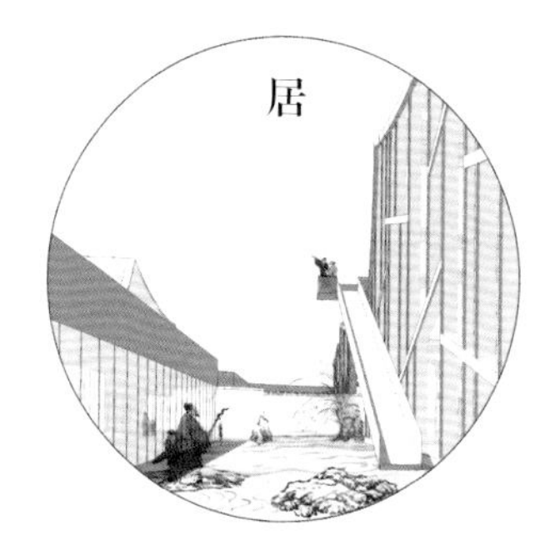
居

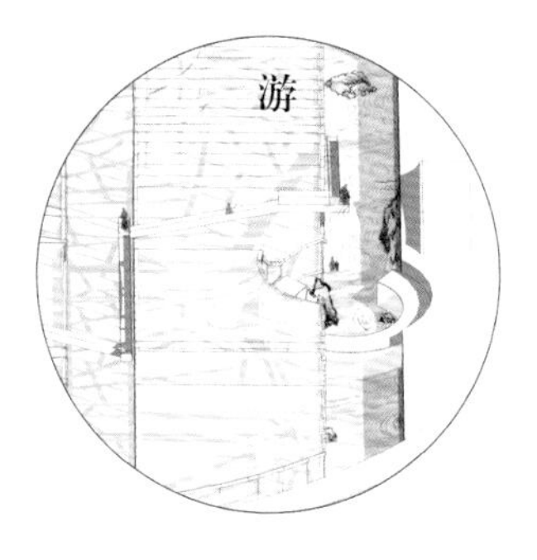
游

## 丽泽金融商务区 F02F03F05 地块立面设计

Lize Financial and Business District Site F02F03F05 Building Facade Design

北京市丰台区　2014 — 2018　建设中　建筑设计

丽泽金融商务区 F02F03F05 地块项目位于北京市丰台区丽泽金融商务区核心区，将建设集办公、商业、酒店、公寓和地下停车于一体的大型城市综合体。三个地块地面共建 4 栋超高层塔楼，塔楼之间由裙房相连接，商业裙房横跨三个地块，总建筑面积 516700 平方米。该项目立面设计采用金属与玻璃幕墙相结合的手法，将形体精细划分，通过颜色、材质和细节的变化，形成富有变化而和谐统一的建筑界面。塔楼利落畅快的垂直线条与裙房丰富时尚的立面造型形成对比，极具节奏感与韵律，共同构成了标志性的建筑造型，以挺拔优雅的形态彰显了现代气息。

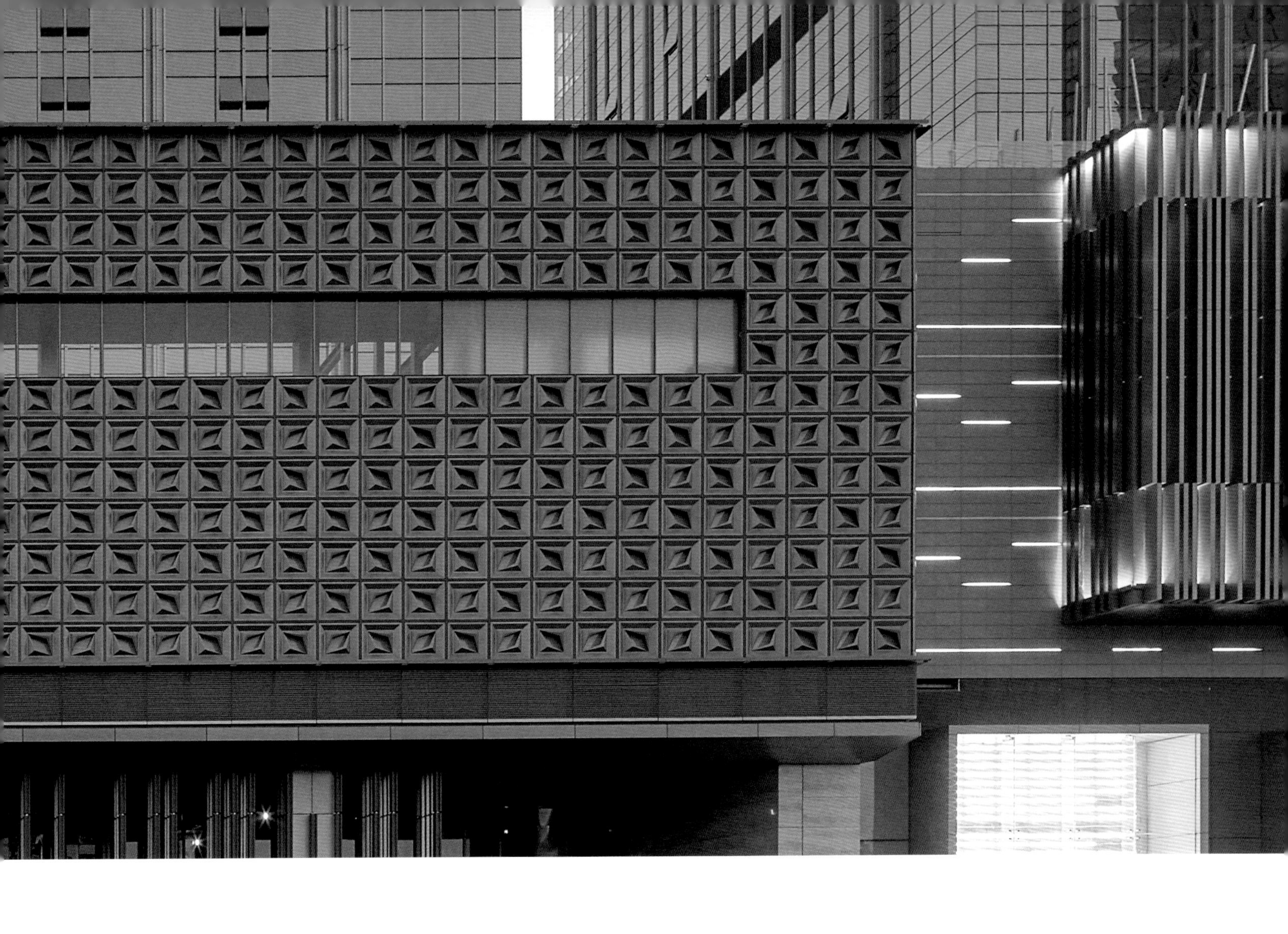

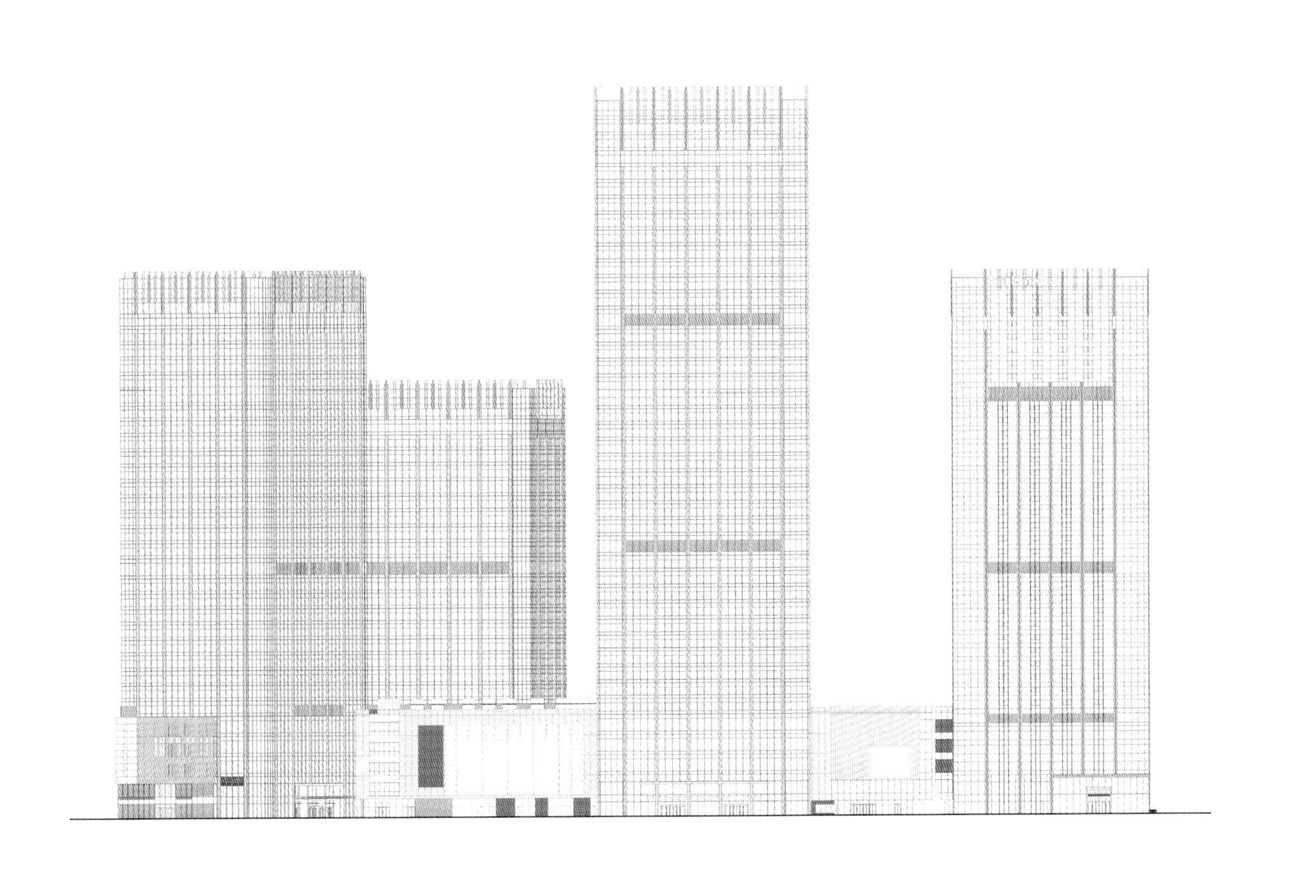

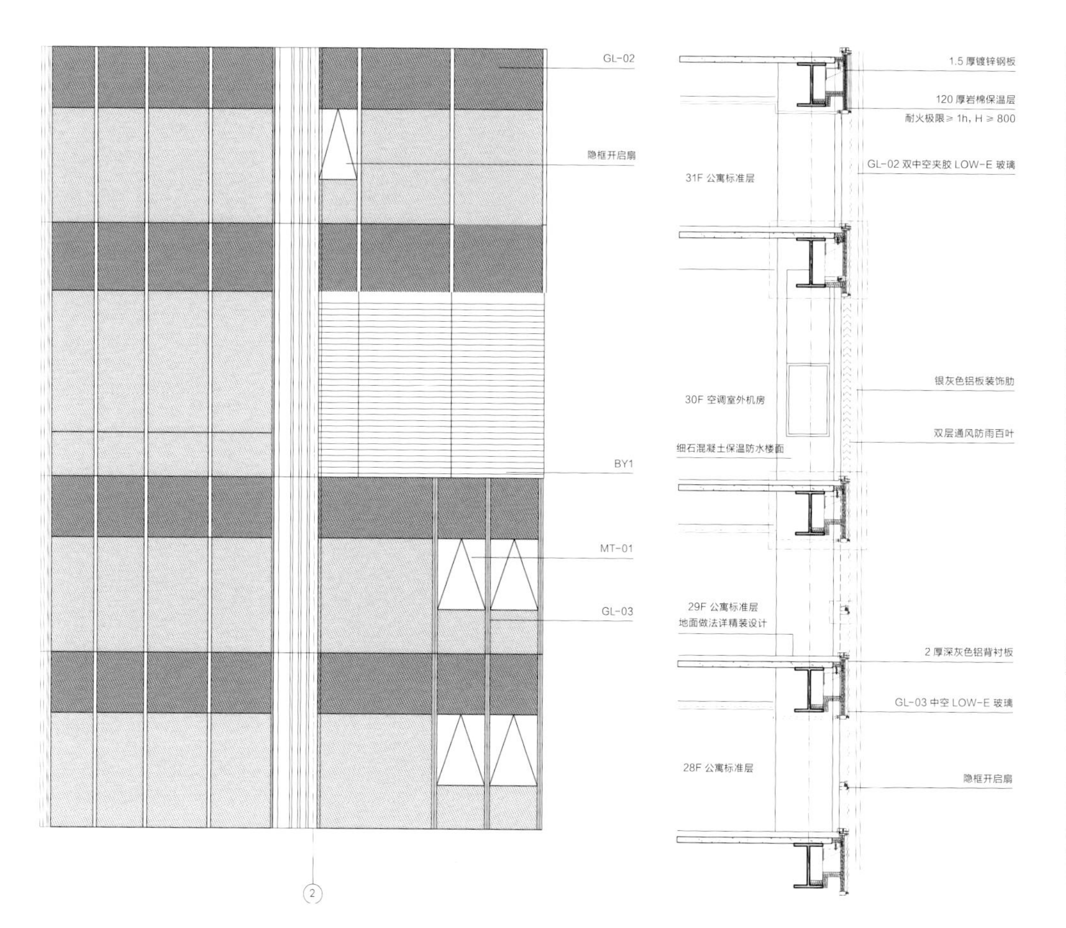
GL-02
隐框开启扇
BY1
MT-01
GL-03
2
1.5 厚镀锌钢板
120 厚岩棉保温层
耐火极限≥1h, H≥800
GL-02 双中空夹胶 LOW-E 玻璃
31F 公寓标准层
银灰色铝板装饰肋
30F 空调室外机房
双层通风防雨百叶
细石混凝土保温防水楼面
29F 公寓标准层
地面做法详精装设计
2 厚深灰色铝背衬板
GL-03 中空 LOW-E 玻璃
28F 公寓标准层
隐框开启扇

塔楼墙身大样

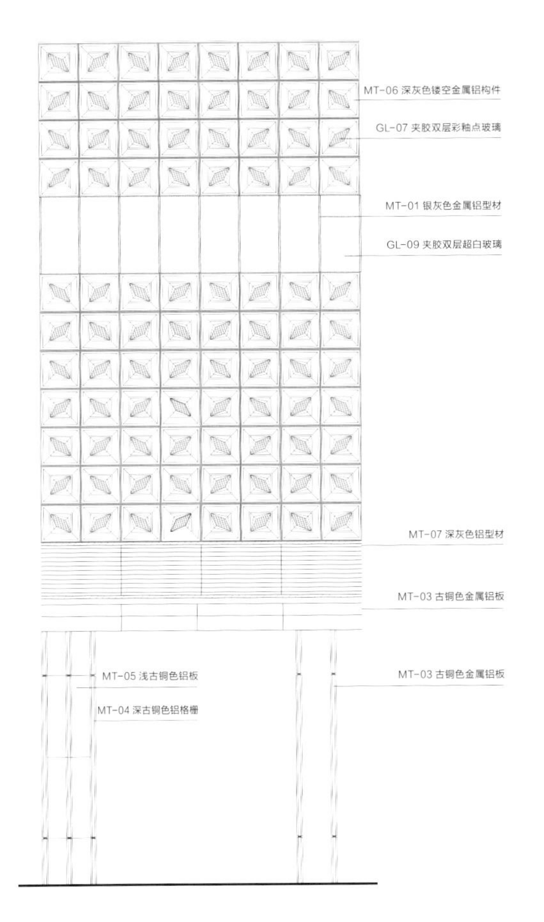
MT-06 深灰色镂空金属铝构件
GL-07 夹胶双层彩釉点玻璃
MT-01 银灰色金属铝型材
GL-09 夹胶双层超白玻璃
MT-07 深灰色铝型材
MT-03 古铜色金属铝板
MT-05 浅古铜色铝板
MT-03 古铜色金属铝板
MT-04 深古铜色铝格栅

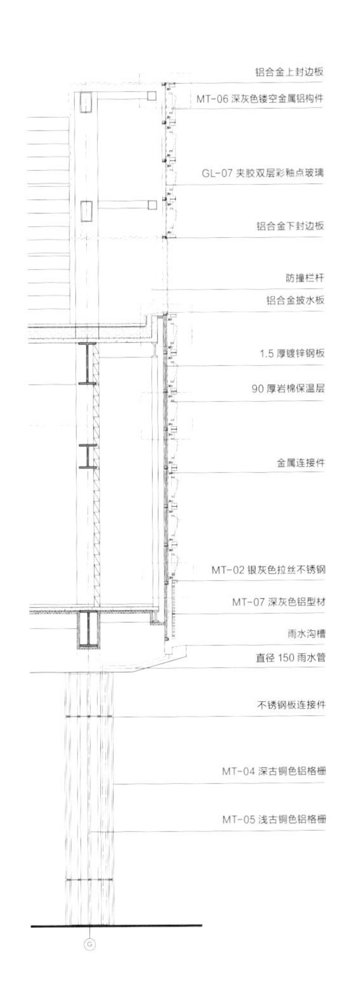
铝合金上封边板
MT-06 深灰色镂空金属铝构件
GL-07 夹胶双层彩釉点玻璃
铝合金下封边板
防撞栏杆
铝合金披水板
1.5 厚镀锌钢板
90 厚岩棉保温层
金属连接件
MT-02 银灰色拉丝不锈钢
MT-07 深灰色铝型材
雨水沟槽
直径 150 雨水管
不锈钢板连接件
MT-04 深古铜色铝格栅
MT-05 浅古铜色铝格栅

裙房墙身大样

# 北京房山兰花文化休闲公园主展馆

Beijing Fangshan District Orchid Cultural Park Main Pavilion

北京市房山区　2013 — 2015　已建成　建筑设计　室内设计

房山区兰花文化休闲公园主展馆建筑面积 17450 平方米，是一座多功能展馆，同时是 2015 年北京房山长阳兰花大会的主展馆。展馆由 10 个相对独立的多功能展厅模块组成，既可独立使用，又可以多模块组合串联，为适应多种展览和活动需求提供丰富可能性。所有模块被处于展馆中心，可用于公共聚集，也可进行集中布展的线性公共空间串联。设计试图完成一座与城市公共空间和景观无缝对接的、多功能的且可持续利用的建筑，建筑形体通过“切分”在外部完成戏剧性的虚实对比效果，在内部则构成峡谷般的空间意向。“裂开”的 “空隙”与多个方向的景观道路、广场相贯通，在模糊了建筑内与外的空间界面的同时，又在内外营造出截然不同的空间体验。

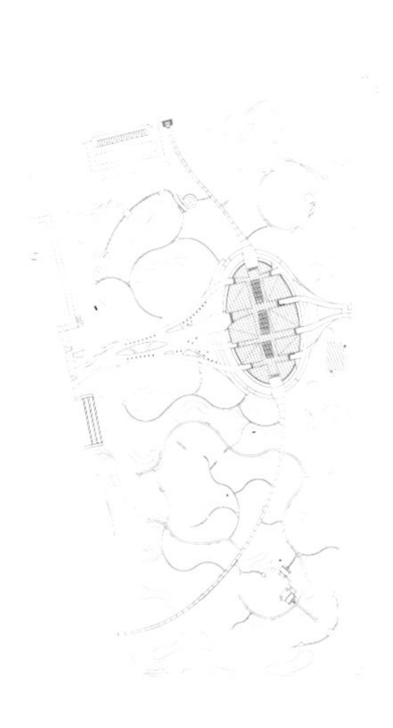


总平面图

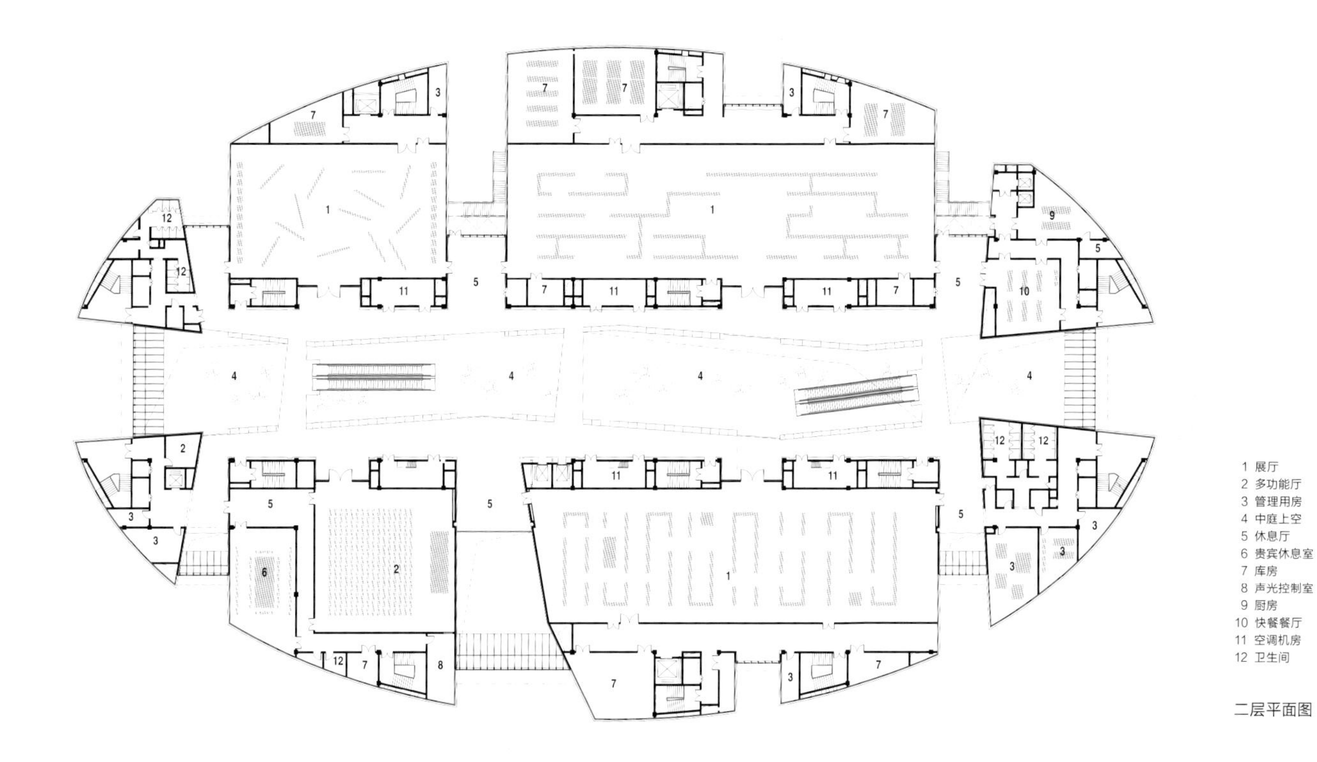

1 展厅
2 多功能厅
3 管理用房
4 中庭上空
5 休息厅
6 贵宾休息室
7 库房
8 声光控制室
9 厨房
10 快餐餐厅
11 空调机房
12 卫生间

二层平面图

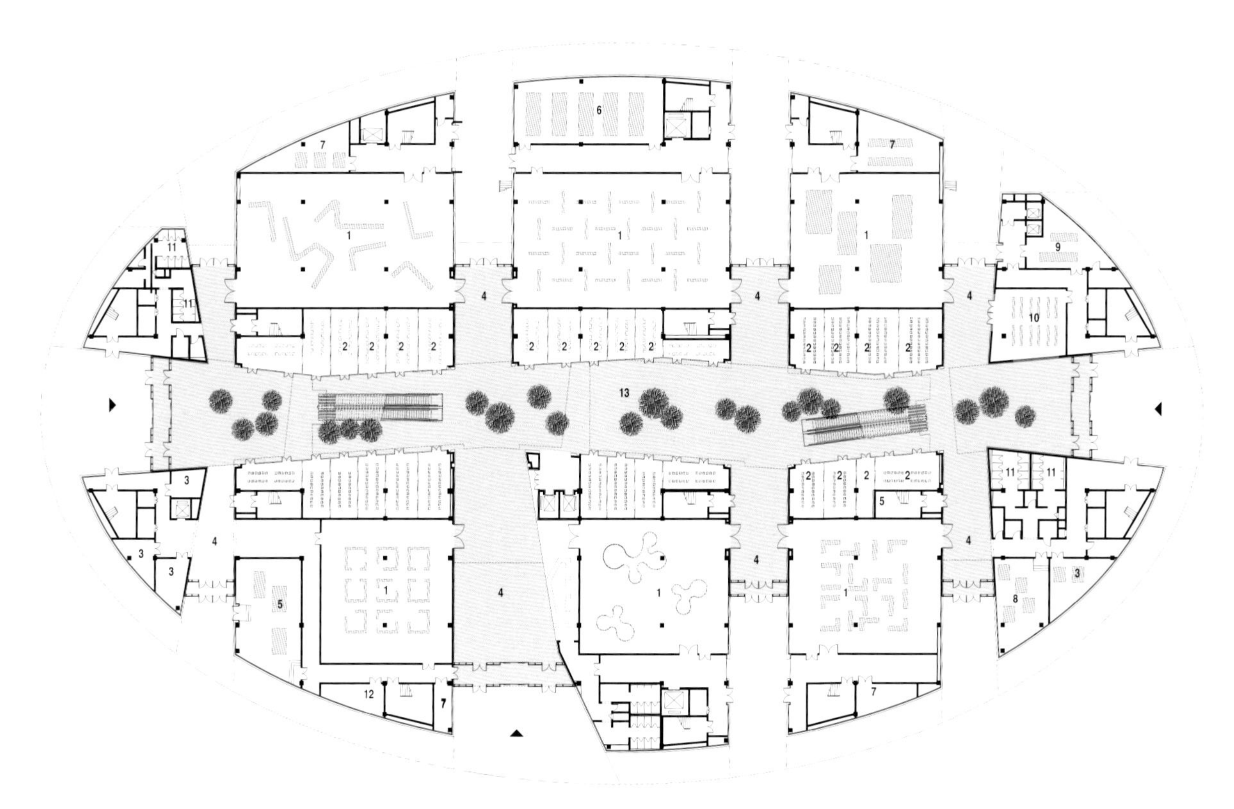

1 展厅
2 兰文化展示
3 管理用房
4 门厅
5 消防控制室
6 低压配电室
7 库房
8 弱电机房
9 厨房
10 快餐餐厅
11 卫生间
12 新闻中心
13 花街

首层平面图

# 燕郊科达文化艺术中心

Yanjiao Kodak Culture and Arts Center

河北省燕郊镇　2015　提案

科达文化艺术交流中心设计面积 18000 平方米，定位为一个高端艺术园区，是一个集艺术品收藏、展览、交流、拍卖、交易和教学、创作、艺术大师个人创作室于一体的艺术综合体。建筑群组包括一个艺术馆和若干艺术家创作室。设计试图营造一个人、建筑、自然相共生的环境，通过墙体这一要素的引进，创造层层递进的空间布局，既保证了各部分功能的相对独立，又满足了作为文化建筑的交流需求。设计模糊了室内外的界限，结合人的行为感官等手法处理，营造一种具有诗性的游园空间。

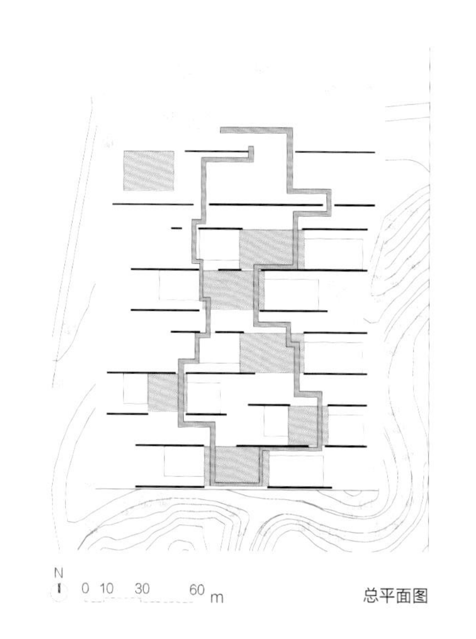


总平面图

# 烟台高新区科技文化艺术中心

Yantai High Tech District Art and Science Center

烟台高新区　2013　提案

总平面图

烟台科技文化艺术中心是一座集科普、博览、教育、艺术陈列、观演、互动、娱乐等众多文化活动于一身的微缩文化城。

建筑以市民生活为核心， 将诸多的功能整理与重组，并将蕴含其中的多样化的都市文化生活戏剧性的重新融合在一起。

设计试图模糊建筑室内外的界限，城市公共空间被完整的、连续的引入建筑内部，同时，建筑的底部和顶层，将完全向市民开放，成为自由的、充满活力的都市公园。建筑、城市公共空间和城市公园将共同构成一个有表情的，生动的城市活动舞台。

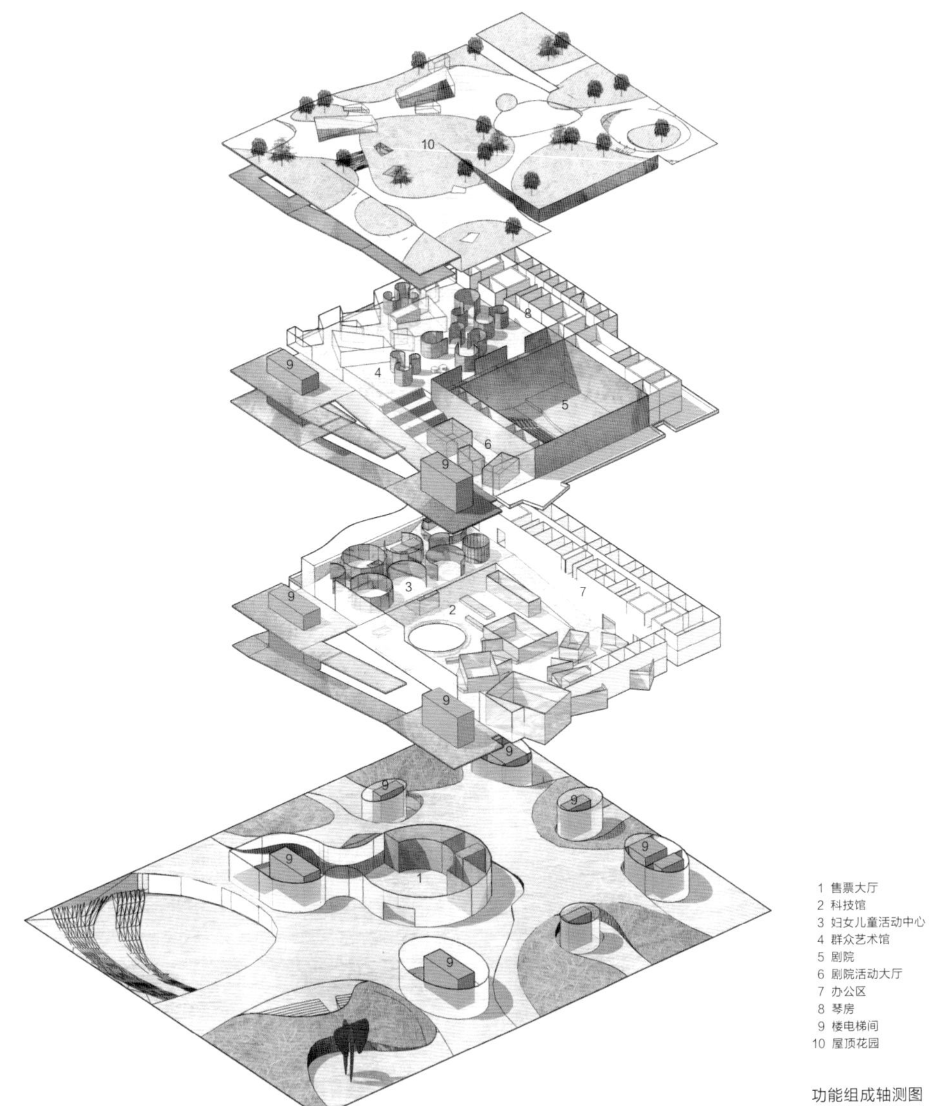
1 售票大厅
2 科技馆
3 妇女儿童活动中心
4 群众艺术馆
5 剧院
6 剧院活动大厅
7 办公区
8 琴房
9 楼电梯间
10 屋顶花园

功能组成轴测图

# 河北省第三届园林博览会服务管理建筑建设项目—— 二级服务区 B

## Service Building of the Third Hebei Province Garden Expo

河北省秦皇岛市　2017 — 2018　已建成　建筑设计

项目属于河北省第三届园林博览会的服务建筑。主要功能包含餐饮、救护、管理等为游客服务的辅助功能。

二级服务区 B 建筑坐落于秦皇岛园博园内一片花海旁。从周边道路及环境出发，建筑平面呈现趋近三角形的环状，嵌入周边植被丰富的环境中，并在内部形成安静的庭院。屋顶呈连续整体的双坡状，结合曲线的平面呈优美的流线型，从观者的角度看见的轮廓到投下的光影边界都是一种圆润流动的状态。

环状切分成三段，划为不同使用功能，使周边道路活跃的空间、植被丰茂的花海和安静的庭院三者形成流动的空间联系，从道路到庭院再到开放的花海，是由嘈杂到静再到动，是一个变化中的空间体验的过程。

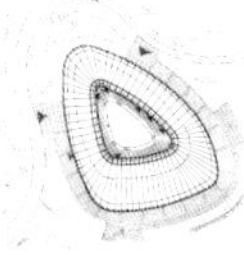


总平面图

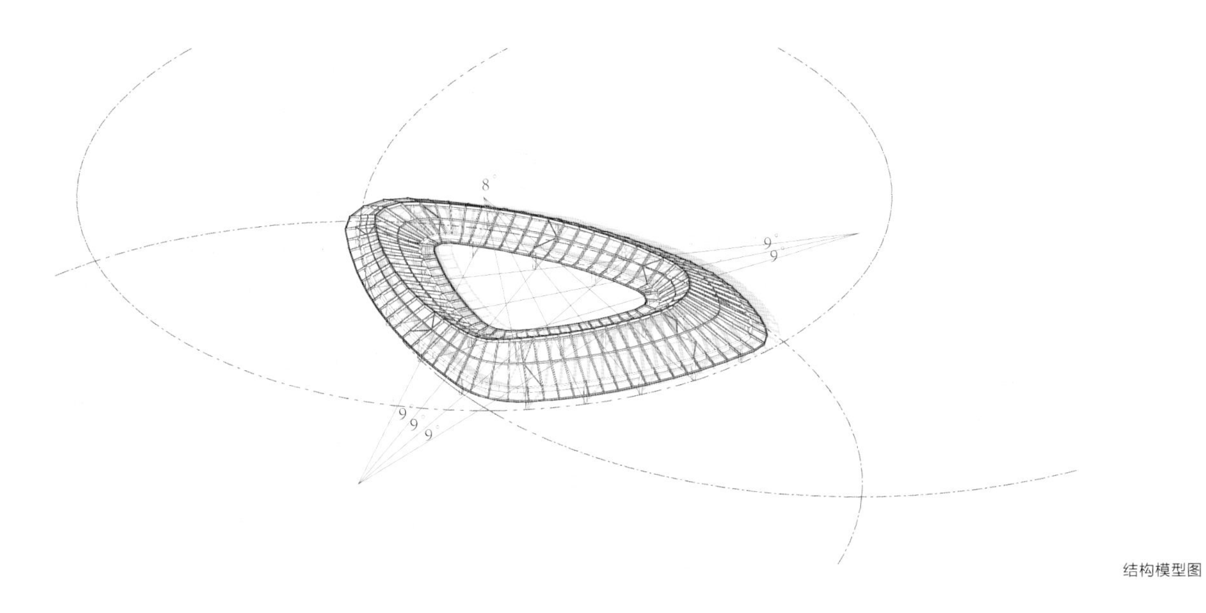

结构模型图

# 河北省第三届园林博览会服务管理建筑建设项目—— 二级服务区 D

Service Building of the Third Hebei Province Garden Expo

河北省秦皇岛市　2017 — 2018　已建成　建筑设计

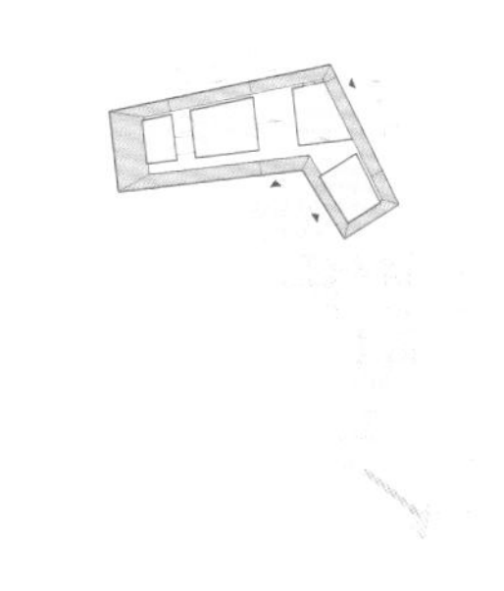

总平面图

项目属于河北省第三届园林博览会的服务建筑。主要功能包含餐饮、救护、管理等为游客服务的辅助功能。

建筑位于秦皇岛园博园东南角湖边。湖岸栈道沿湖边曲折伸展，包围广场，建筑作为湖岸节点，呈折线状静卧岸边。作为湖岸栈道的延续，建筑从江南园林曲折回廊的意境出发，以上下曲折游廊的形式，环抱餐厅等服务建筑的盒子。

游走在廊道中步移景异。穿过层层庭院与建筑的虚实对比，走到朝向湖面的景框，作为空间体验的高潮。在最后走回面向湖面打开的广场，完成游走建筑具有层次感的体验。

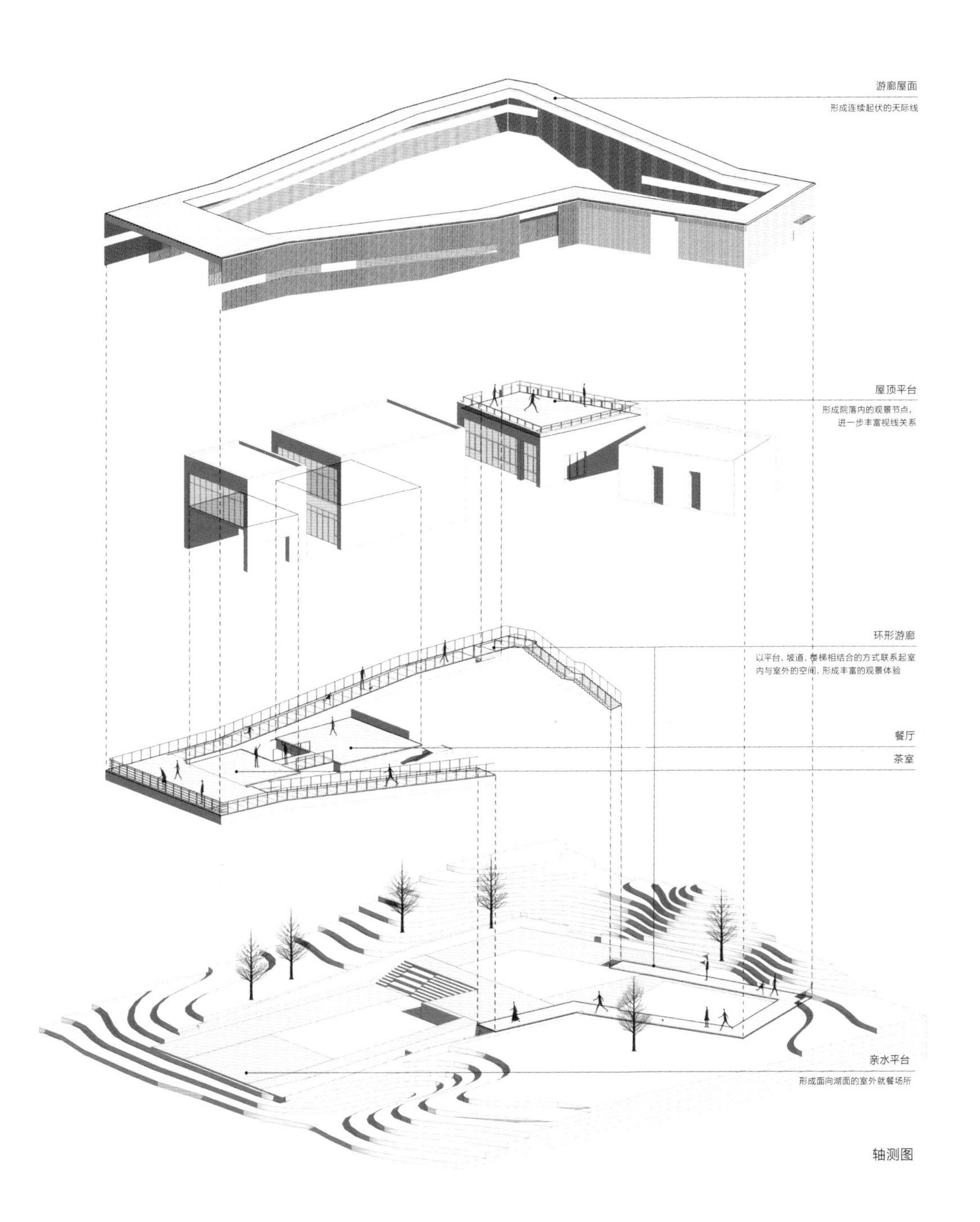
游廊屋面
形成连续起伏的天际线
屋顶平台
形成院落内的观景节点，
进一步丰富视线关系
环形游廊
以平台、坡道、楼梯相结合的方式联系起室
内与室外的空间，形成丰富的观景体验
餐厅
茶室
亲水平台
形成面向湖面的室外就餐场所

轴测图

## 2016 年唐山世界园艺博览会服务区建筑

Service Building of the 2016 Tangshan World Horticultural Expo

河北省唐山市　2014 — 2016　已建成　建筑设计

总平面图

2016 年唐山世界园艺博览会主址位于唐山市南湖公园，需要配建 15 个服务区以满足会时的功能需要。园区内自然环境资源得天独厚，为最大程度上协调不同地段服务区建筑与园区环境景观之间的关系，在充分利用自然环境特征的基础上，能够将自然环境资源延伸和拓展到建筑空间之中。在整个设计过程中尝试采用建筑适应性理论为设计基础，用数字化体系为设计手段，形成了固定模块与自由模块相组合、“化整为散”的设计方法。从而实现了将建筑群落与自然融合的设计理念。

内部交通
功能分区
场地分区
A1
A1
A1
A2
A2
A2
A5
A5
A5

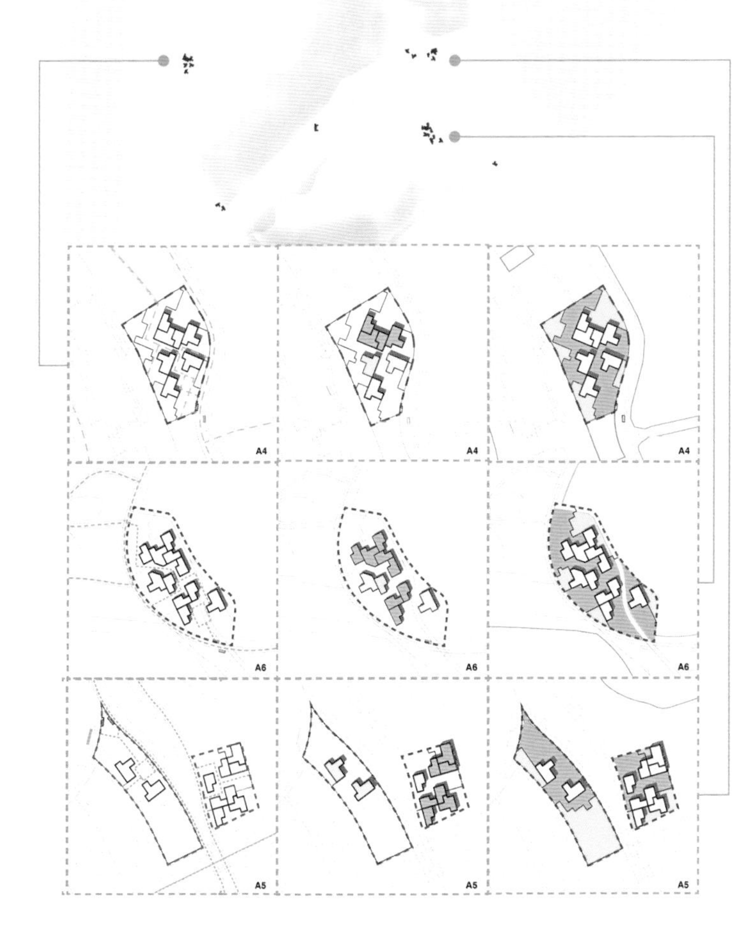
A4
A4
A4
A6
A6
A6
A5
A5
A5

## 行政办公

### 核心职能

以天安门广场 中南海地区为重点优化中央政务环境

高水平服务和保障中央党政军领导机关工作和重大国事外交活动

### 金融管理

金融街作为国家的金融管理中心

应完善配套设施

提高区域要素资源承载能力

### 国家政务

三里河地区汇集国家众多部委 单位

应改善其办公服务类设施

从而推动行政管理效率的提升

### 军事管理

完善军事博物馆及周边地区的军事管理功能

## 综合服务

### 功能布局

新兴桥至永定河区域涵盖居住 休闲娱乐 办公等多样化城市功能

应处理好各功能之间关系

提高基础设施与生活服务水平

打造以高品质生活休闲为导向的多元化城市空间

### 留白增绿

注重城市发展中的以人为本理念

运用可持续发展手段

打造城市与自然地区的过渡带

强化八角游乐园 雕塑公园等地区的集中绿地

## 以人为本 多元共融

### 色彩管控

外墙颜色以暖白色 暖米色为主

玻璃颜色以黑白灰为主

不宜出现绿色 蓝色 金色及红色等特殊色相

### 建筑风格

建筑风格以中而新为主 展现大国首都形象以及中华民族文化

### 第五立面

屋顶形式简洁连续 强调完整性及延展性

保证人视角度时及鸟瞰角度对屋顶构筑物及设施的合理遮挡

### 景观视廊

以中央电视塔为眺望点 打造看城市景观视廊

感知格局明晰的整体城市意象

### 休闲空间

永定河至新兴桥区段的公共空间整体提升应注重其周边功能的需求以及生活性景观的构建

从而为民众提供一个舒适宜人的活动空间

需考虑到城市未来发展的可持续性

以绿化空间控制周边区域的发展

确保公共空间的整体性以及连续性

打造综合性绿地体系

## 产业创新

新首钢作为传统绿色转型升级示范区
京西高端产业创新高地 后工业文化体育创意基地
要在加强工业遗存保护利用的基础上
为新兴高端产业提供优质的综合服务

# 生态涵养

## 生态屏障

坚持生态保育
生态建设和生态修复并重
积极推进区域生态协作 尽显绿水青山

## 生态价值

坚持生态环境保护与农民生活改善相协调
与山区乡镇生态化发展相促进
发挥自然山水优势和民族文化特色
促进山区特色生态农业与旅游休闲服务融合发展

## 新旧交融

突出首钢 军博 世纪坛等地的历史文化特征
强化古今对话与新旧交融
通过公共空间与建筑的有机融合展现
长安街近现代的工业文明和时代辉煌

# 生态城市交相辉映

## 生态人文

结合自然景观特色与西山永定河文化带
打造京西特色历史文化
深入发掘分析各类文化遗存 使自然景观与人文历史和谐统一

## 城景合一

强调城市建设对自然环境的尊重
顺应山形水势
强化建筑体量控制
严控浅山区建设行为
形成城景合一 山水互动的特色风貌

## 长安街公共空间规划景观提升

Chang 'an Street Public Space Improvements

北京市　2014 至今　进行中　规划设计　景观设计

长安街及其延长线，起山入河，西起定都峰，东至潮白河，全长 60 公里，承载着 3000 年古都建设和发展的重要记忆。长安街及其延长线与南北中轴线相交形成“十字轴线”，统领北京方正规整的城市格局；它串联主、副中心，连系政治、文化、外交、军事、商务等重要功能区，是首都政治中心、文化中心、对外交往中心功能的集聚轴，有着不可比拟的地位和作用。本项目以新兴桥至国贸桥为重点区域，工作内容包括建筑界面、道路及附属设施、绿化景观、公共服务设施等多项工作，完成总体设计、公共空间景观提升导则，并以此指导长安街整体和延长线各区域深化设计。设计以统一的文化表达和艺术性研究为原则和方法，体现国家和首都“庄严、沉稳、厚重、大气”的形象气质。

## 运河商务区

承载中心城区功能疏解的重要载体

建成以金融创新

互联网产业

高端服务为重点的综合功能区

集中承载服务京津冀协同发展的金融功能

## 水城共融

以大运河为骨架

构建城市水绿空间格局

形成一条蓝绿交织的生态文明带

沿运河布置运河商务区

北京城市副中心交通枢纽地区

城市绿心三个功能节点

## 地域文脉

打造与长安街一脉相承 融合通州地域文化

功能完备的城市副中心

使之成为政治文化中心功能承载区

历史文化名城魅力展示区和新城中心商务区

# 城市副中心

## 功能组织

疏解沿线工业 仓储及部分居住类建筑功能

转型提升为文化创意相关产业发展

腾退沿线两侧低端 不符合区域定位的商业

塑造以金融咨询 时尚设计 数字传媒等新兴高端产业相关的产业发展集群

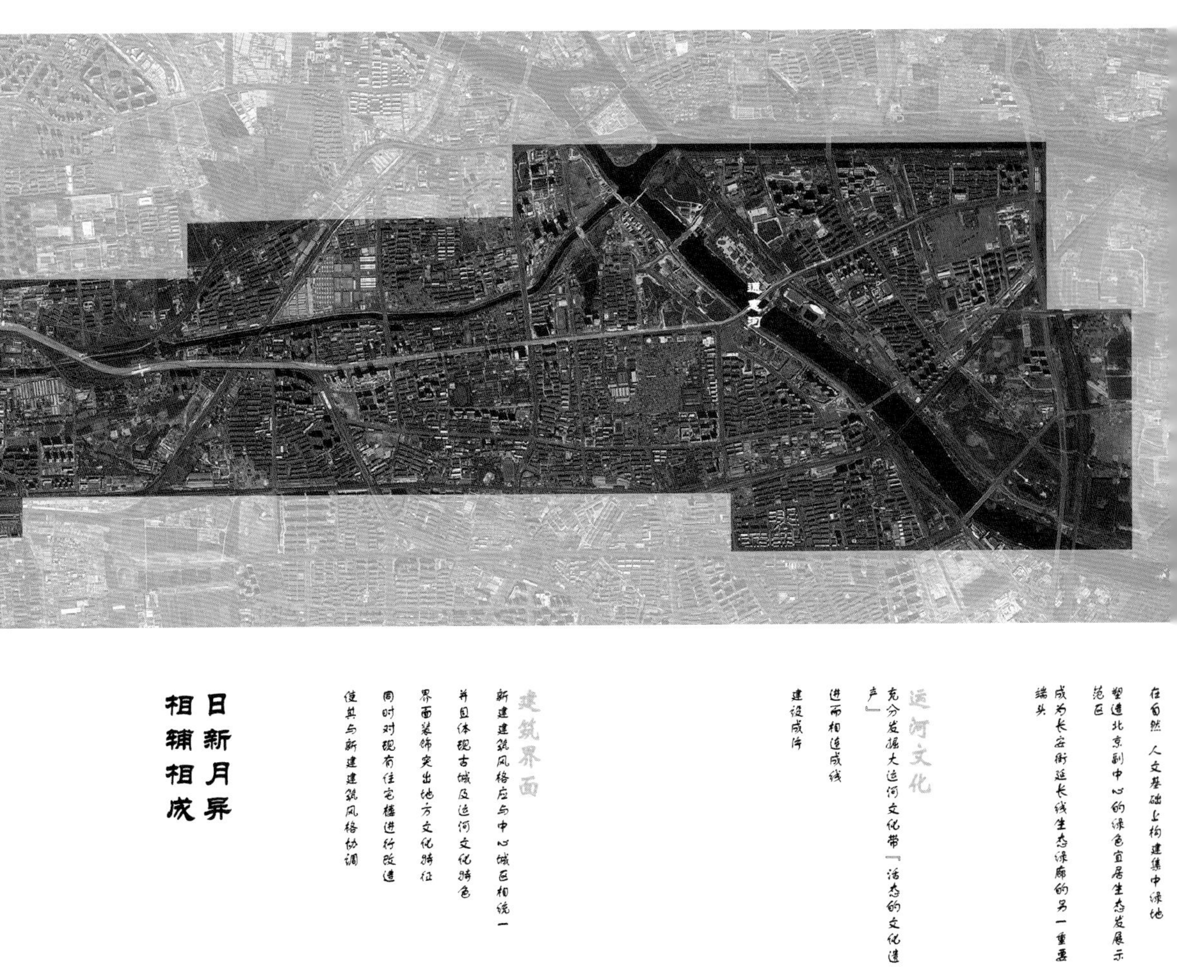


在自然 人文基础上构建集中绿地

塑造北京副中心的绿色宜居生态发展示范区

成为长安街延长线生态绿廊的另一重要端头

## 运河文化

充分发掘大运河文化带「活态的文化遗产」

进而相连成线

建设成阵

## 建筑界面

新建建筑风格应与中心城区相统一

并且体现古城及运河文化特色

界面装饰突出地方文化特征

同时对现有住宅楼进行改造

使其与新建建筑风格协调

# 日新月异 相辅相成

## 节点空间

长安街延长线道路绿化景观的强化改造和提升

治乱 建新 创造宜人生态的节点空间

### 文化创新

以国贸至定福庄一带为文化产业创新核心承载区

提升首都文化产业规模化 集聚化 专业化 高端化发展水平

构建高精尖经济结构

服务全国文化中心建设和京津冀文化产业协同发展

### 国际商务

北京商务中心区是国际金融功能和现代服务业集聚地

应构建产业协同发展体系

加强信息化基础设施建设

提供国际水准的公共服务

## 金融文化创新

### 国际活动

服务国家开放大局

持续优化软硬件环境

努力打造国际交往活跃 国际化服务完善 国际影响力凸显的重大国际活动聚集之都

## 国际交往

### 战略定位

长安街作为首都四个中心的集中承载地区

是建设国际一流的和谐宜居之都的关键地区

是疏解非首都功能的主要地区

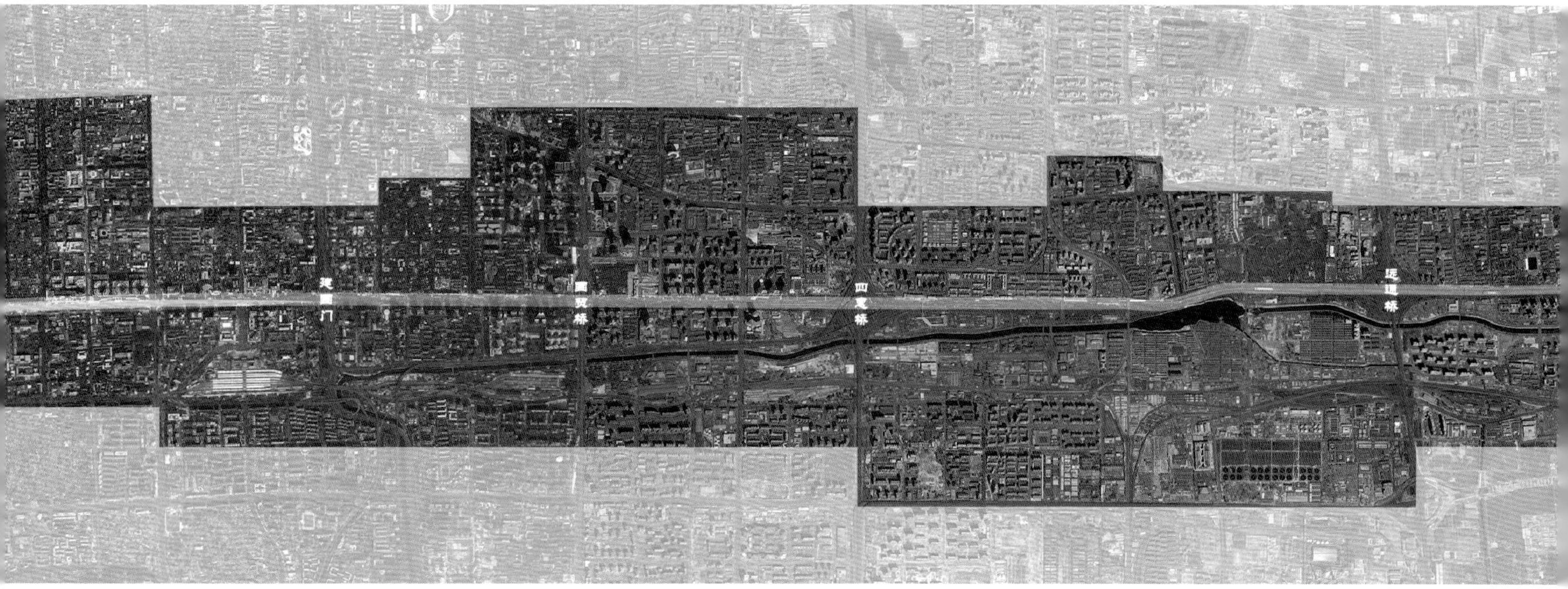

### 过渡衔接

对四惠 传媒大学节点的建筑高度 体量和退线等建筑元素进行管控

使其与国贸地区的高层建筑群相和谐形成平缓过度的建筑天际线

在大型开敞空间进行景观提升形成绿色空间过渡带

### 城市风貌

国贸地区作为北京的中央商务区也是首都现代化和国际化大都市风貌的集中展示区

其城市风貌应具有时代特征

同时应做到与周边区域建筑的和谐统一

## 张弛有度 别具匠心

### 历史文脉

提升南北向视廊终点形象 使其与周边环境相协调

达到视廊平直通透

突出古都文化历史风貌

### 公共空间

公共空间的形象应体现其庄严性及仪式感

带状绿地公园的构建应注重空间尺度模数的严格统一

### 形体轮廓

统一要求外轮廓简洁 长高比控制在2：1以上或1：2以下

保证街墙连续性 建筑立面应与长安街相对平行

不宜出现弧线及折线墙

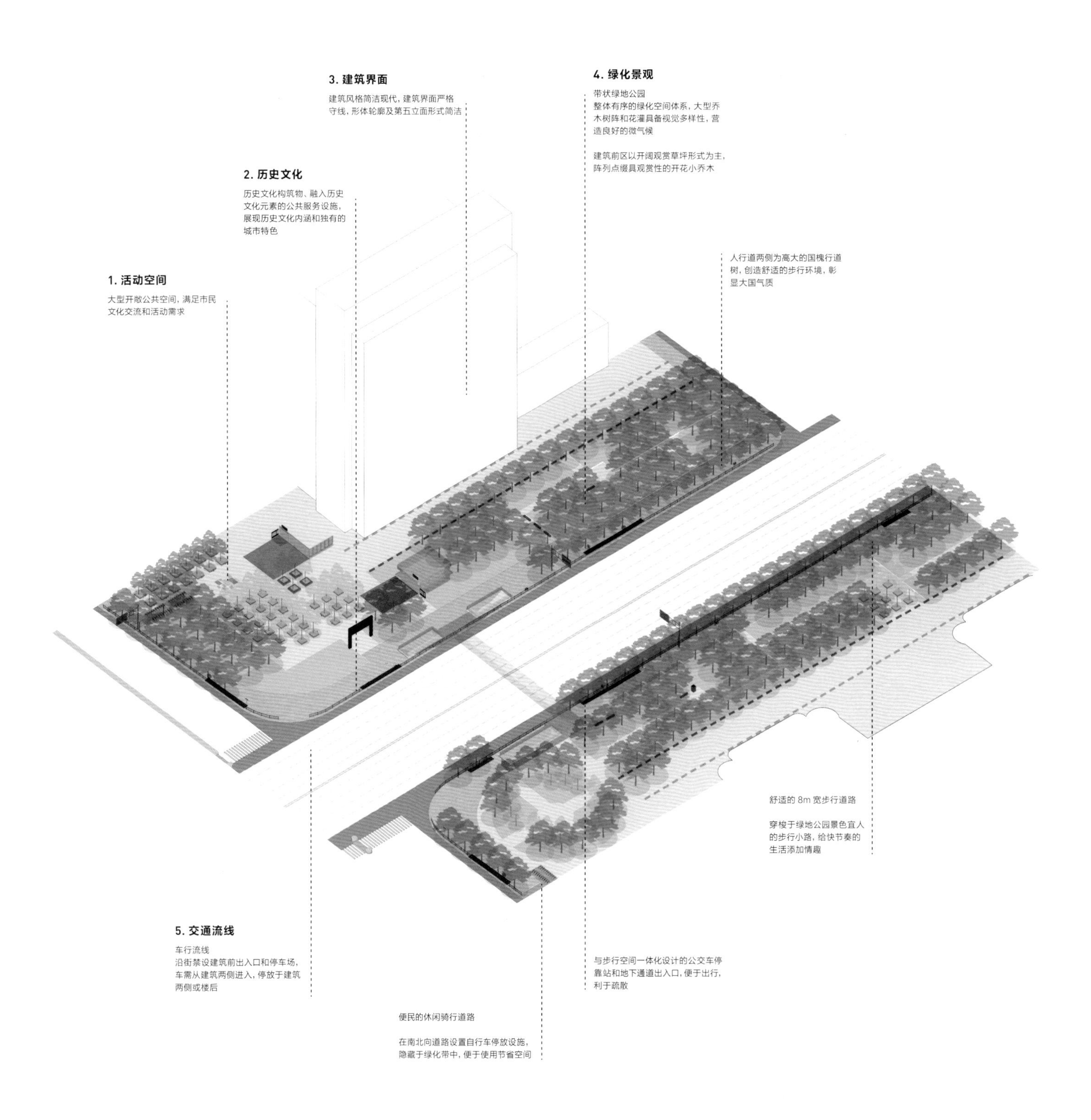

3. 建筑界面
建筑风格简洁现代，建筑界面严格守线，形体轮廓及第五立面形式简洁
4. 绿化景观
带状绿地公园
整体有序的绿化空间体系，大型乔木树阵和花灌具备视觉多样性，营造良好的微气候
建筑前区以开阔观赏草坪形式为主，阵列点缀具观赏性的开花小乔木
2. 历史文化
历史文化构筑物、融入历史文化元素的公共服务设施，展现历史文化内涵和独有的城市特色
人行道两侧为高大的国槐行道树，创造舒适的步行环境，彰显大国气质
1. 活动空间
大型开敞公共空间，满足市民文化交流和活动需求
舒适的 8m 宽步行道路
穿梭于绿地公园景色宜人的步行小路，给快节奏的生活添加情趣
5. 交通流线
车行流线
沿街禁设建筑前出入口和停车场，车需从建筑两侧进入，停放于建筑两侧或楼后
与步行空间一体化设计的公交车停靠站和地下通道出入口，便于出行，利于疏散
便民的休闲骑行道路
在南北向道路设置自行车停放设施，隐藏于绿化带中，便于使用节省空间

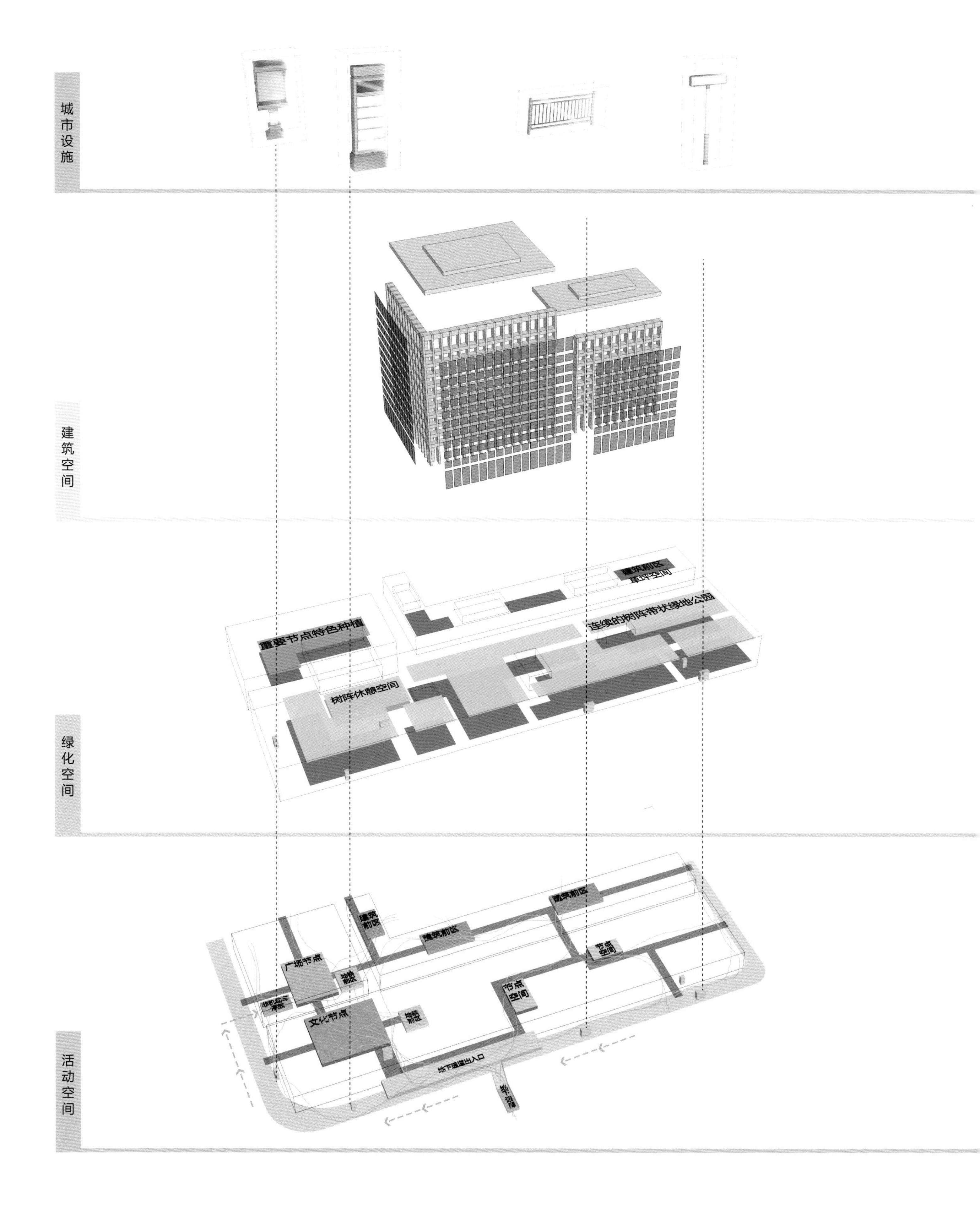
城市设施
建筑空间
绿化空间
重要节点特色种植
树阵休憩空间
连续的树阵带状绿地公园
建筑前区
草坪空间
活动空间
广场节点
文化节点
建筑前区
建筑前区
建筑前区
节点空间
节点空间
地下通道出入口

**统一风格，文化传承，时代演绎**

统一长安街整体公共服务设施风格，从古代纹样中提取祥云等元素，运用于长安街的城市设施的设计当中。传承中国文化的同时也演绎时代印记，象征着中华民族的伟大复兴与不断发展。

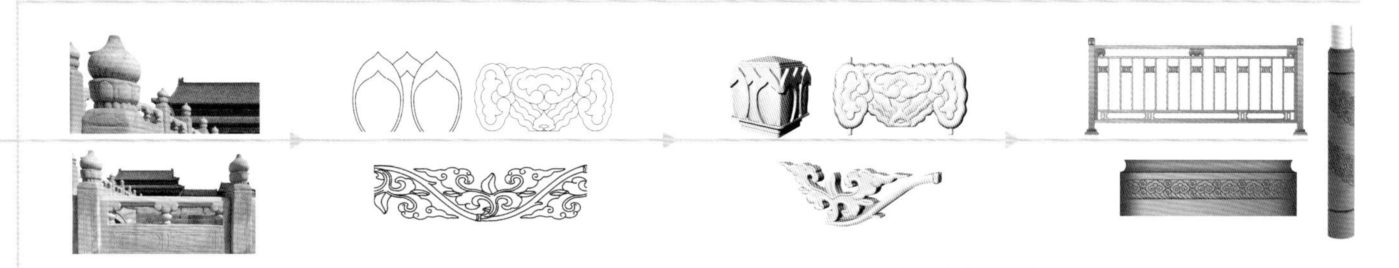

**平直连续，严整统一，简约大气**

通过对建筑形体、色彩、材质、风格及第五立面的整体把控，保证长安街建筑界面连续规整、风貌统一、彰显文化底蕴以及首都形象。

**山水相连，节奏起伏，开合有序**

建绿地景观廊架体系，由道路绿化、开敞空间、口袋公园等构成的线性绿地，结合沿线重要的政治要素、文化要素、自然要素、交通要素等特色资源，形成一条节奏起伏、舒朗壮阔、开合有序、尺度宜人的绿地公园带。

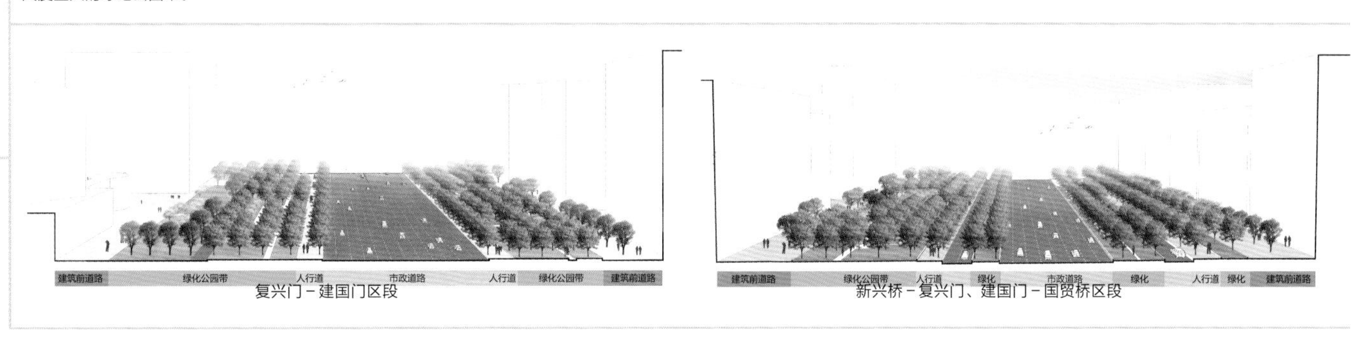


复兴门－建国门区段

新兴桥－复兴门、建国门－国贸桥区段

**开放共享、特色鲜明、错落有致**

长安街沿线公共空间应最大化，全开放地面向市民，绿化与步行空间结合设计，景观及公共空间应严守整齐边界，各分段严格按标准段设计原则及尺度模数控制空间规模及连续性。

民族文化宫

## 北京丽泽金融商务区规划
Beijing Lize Financial Business District Planning

北京市丰台区　2009 至今　建设中　规划设计　景观设计

北京丽泽金融商务区，核心区用地规模 281 公顷，建设规模约 650 万平方米。是集金融办公、商业餐饮、交通枢纽、休闲娱乐、文化展示、生态绿色等众多功能于一体的城市发展新引擎。设计工作内容为总体城市设计、组织完成各专项规划。主导控规及城市设计导则编制，并在土地出让过程中进行技术解读和评审，对控规和城市设计导则进行形态调整和修正。

N
0 100 300 600 m

总平面图

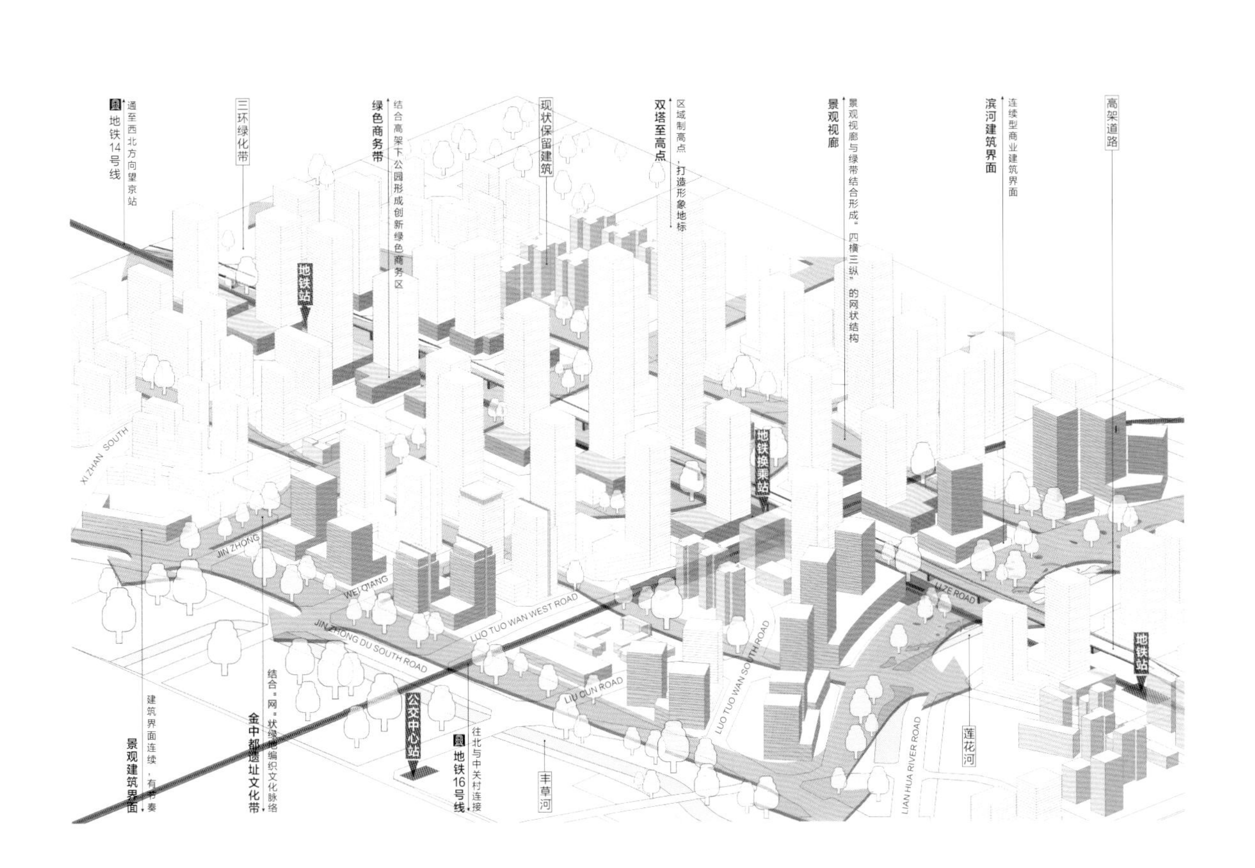
地铁14号线
通至西北方向望京站
三环绿化带
绿色商务带
结合高架下公园形成创新绿色商务区
现状保留建筑
双塔至高点
区域制高点，打造形象地标
景观视廊
景观视廊与绿带结合形成"四横三纵"的网状结构
滨河建筑界面
连续型商业建筑界面
高架道路
地铁站
地铁换乘站
地铁站
公交中心站
地铁16号线
往北与中关村连接
丰草河
莲花河
金中都遗址文化带
结合"网"状绿廊编织文化脉络
景观建筑界面
建筑界面连续，有节奏
XIZHAN SOUTH
JIN ZHONG
WEI QIANG
JIN ZHONG DU SOUTH ROAD
LUO TUO WAN WEST ROAD
LIU CUN ROAD
LUO TUO WAN SOUTH ROAD
LIAN HUA RIVER ROAD

规划结构

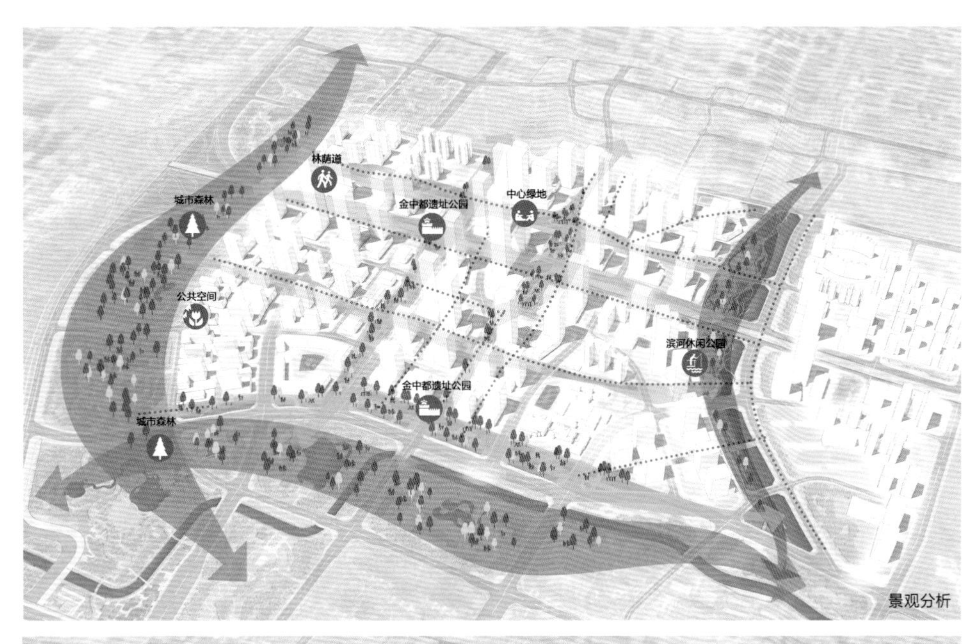
林荫道
城市森林
金中都遗址公园
中心绿地
公共空间
滨河休闲公园
金中都遗址公园
城市森林
景观分析

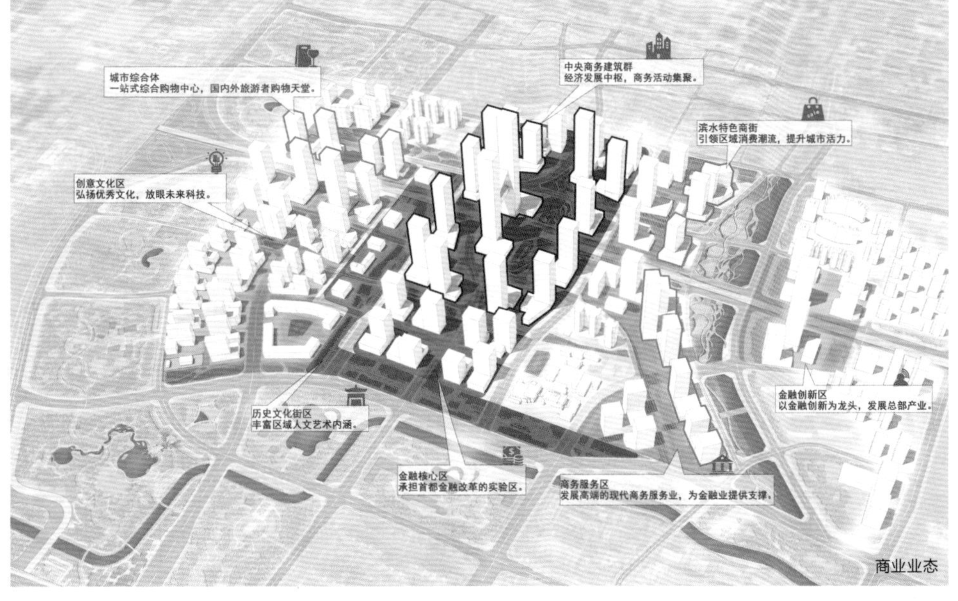
城市综合体
一站式综合购物中心，国内外旅游者购物天堂。
中央商务建筑群
经济发展中枢，商务活动集聚。
滨水特色商街
引领区域消费潮流，提升城市活力。
创意文化区
弘扬优秀文化，放眼未来科技。
金融创新区
以金融创新为龙头，发展总部产业。
历史文化街区
丰富区域人文艺术内涵。
金融核心区
承担首都金融改革的实验区。
商务服务区
发展高端的现代商务服务业，为金融业提供支撑。
商业业态

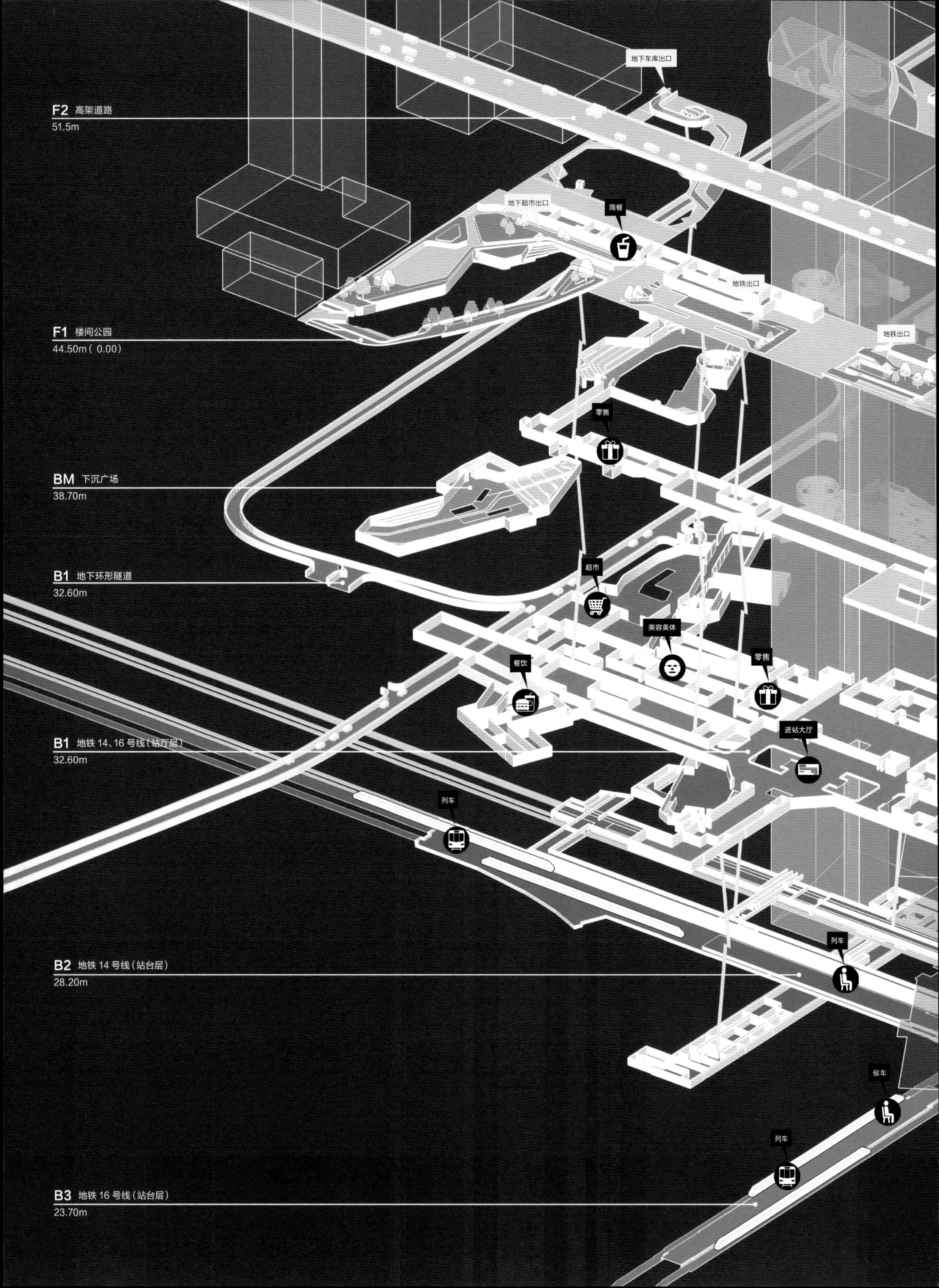

地下车库出口
F2 高架道路
51.5m
地下超市出口
简餐
地铁出口
地铁出口
F1 楼间公园
44.50m（0.00）
零售
BM 下沉广场
38.70m
超市
B1 地下环形隧道
32.60m
美容美体
零售
餐饮
进站大厅
B1 地铁 14、16 号线（站厅层）
32.60m
列车
列车
B2 地铁 14 号线（站台层）
28.20m
侯车
列车
B3 地铁 16 号线（站台层）
23.70m

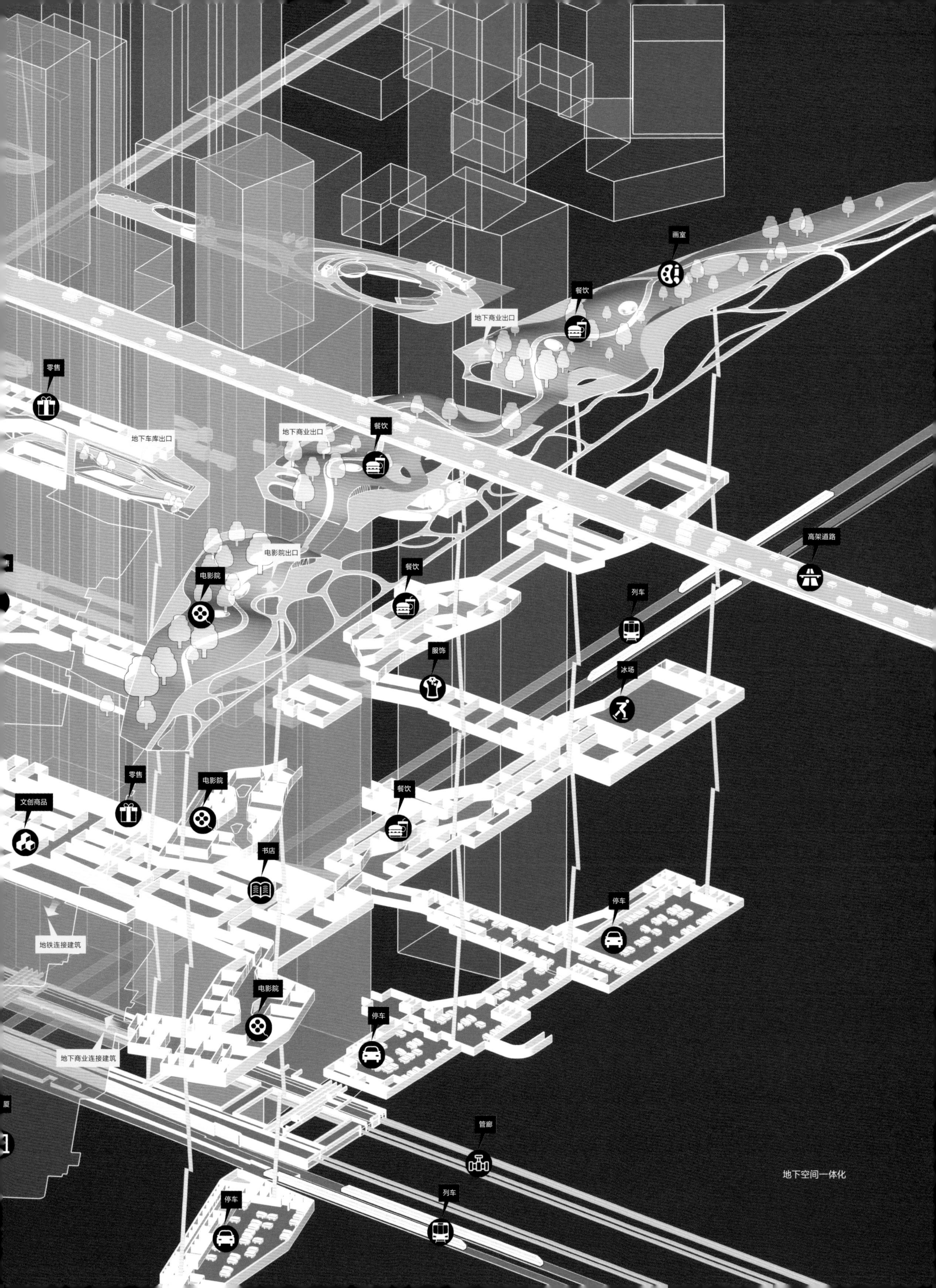
画室
餐饮
地下商业出口
零售
地下车库出口
地下商业出口
餐饮
高架道路
电影院出口
电影院
餐饮
列车
服饰
冰场
零售
电影院
文创商品
餐饮
书店
停车
地铁连接建筑
电影院
停车
地下商业连接建筑
管廊
列车
停车
地下空间一体化

# 2016 年唐山世界园艺博览会总体规划设计

2016 Tangshan World Horticultural Expo Landscape Planning

河北省唐山市　2013 — 2016　已建成　规划设计　服务区建筑设计

唐山世界园艺博览会景观规划核心区规划面积 540 公顷，以“文化展示、生态塑造、持续发展”为园区规划的核心理念，是展示生态修复成果与大型展会相结合的典型案例。工作内容包含世园会景观总体规划及控规修详规等规划设计工作，完成照明、信息化、标识及城市家具等专项设计工作，同时开展项目全过程总体协调工作。

规划将唐山世园会打造为一个集中展示和体验世界时尚园艺、绿色环保技术与人文活动的场所，全方位展现都市与自然共生的主题；并使其成为未来唐山生态绿地系统的重要组成部分、未来唐山城区的绿色核心和公共休闲游憩活动的特色吸引区。

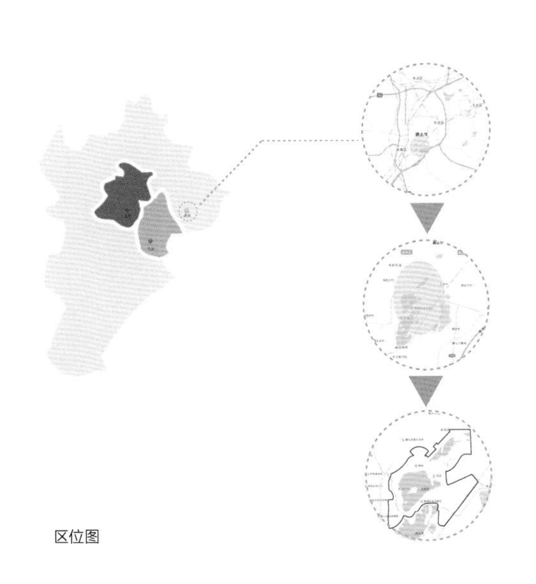

区位图

**门区**

- 主入口门区
- 散客出入口门区
- 散客出入口兼团队出入口门区
- 团队出入口门区

**展园**

- 植物专类园
- 国内园
- 设计师园
- 国际园
- 生态科教园
- 少年世博园
- 低碳生活园
- 工业创意园

**重要景观建筑及景观节点**

- 主展馆
- 广场
- 龙山
- 热带植物馆
- 指挥中心
- 低碳生活馆
- 凤凰台
- 云凤岛
- 雕塑园

**服务区**

- 一级服务区
- 二级服务区
- 三级服务区

**外围停车场**

- 永久停车场
- 临时停车场

总平面图

规划结构：规划以“凤舞”为构图形成“以水为核、一轴、三线、八园”的结构。湖面上纵贯南北的绚烂主轴打破常规的环湖观展模式，有效避免展园分散、观展路线过长、方向感不强等问题。

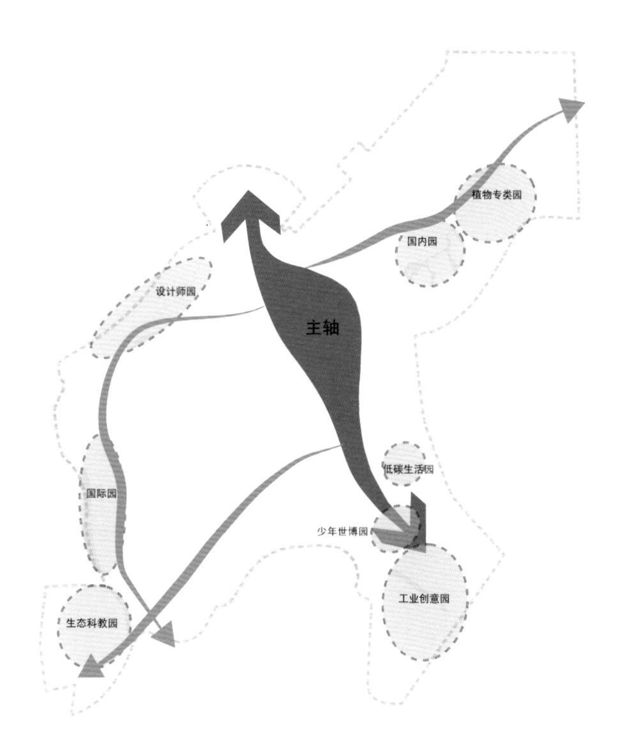


展园布局：唐山世园会作为国际级的大型展会，吸引了国际、国内很多国家、地区以及众多园艺大师及行业相关企业前来参展。根据用地及招展情况的综合评估，园区内共设 8 个展区，包含 88 个展园。

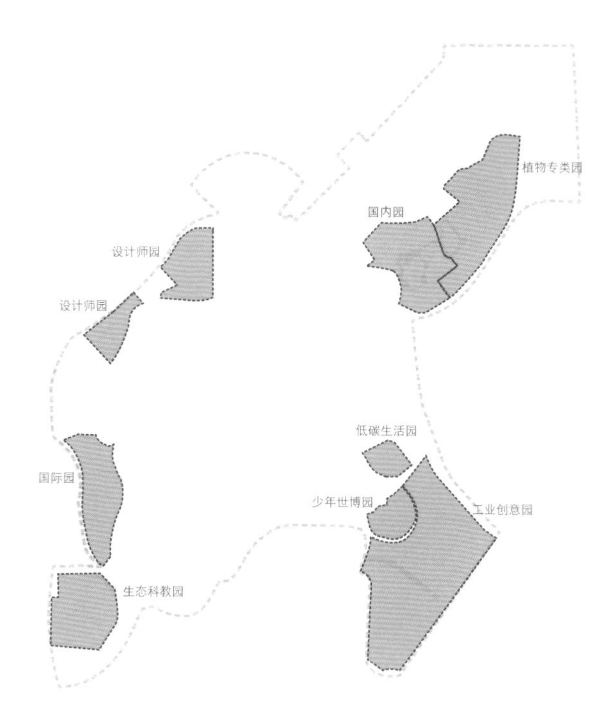


功能分区：规划区划分为展园区、建设区、主轴区、入口区、公共景观建筑区、公共景观区、水域，共七个功能分区。

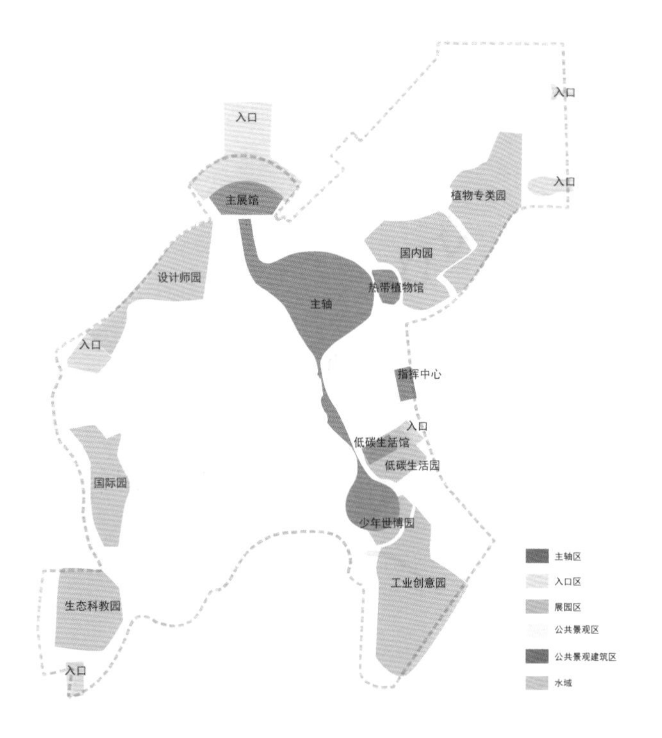


服务体系：规划考虑总体经济效益的同时，将理论值、规范值和经验值相融合，完善服务设施测算体系，对门区、服务区、城市家具、标识导览系统、园区内部交通组织、信息化系统、照明系统等进行了科学布局和数量计算，保证了瞬时大人流的服务需求、安全疏导和会前会后的可持续利用。

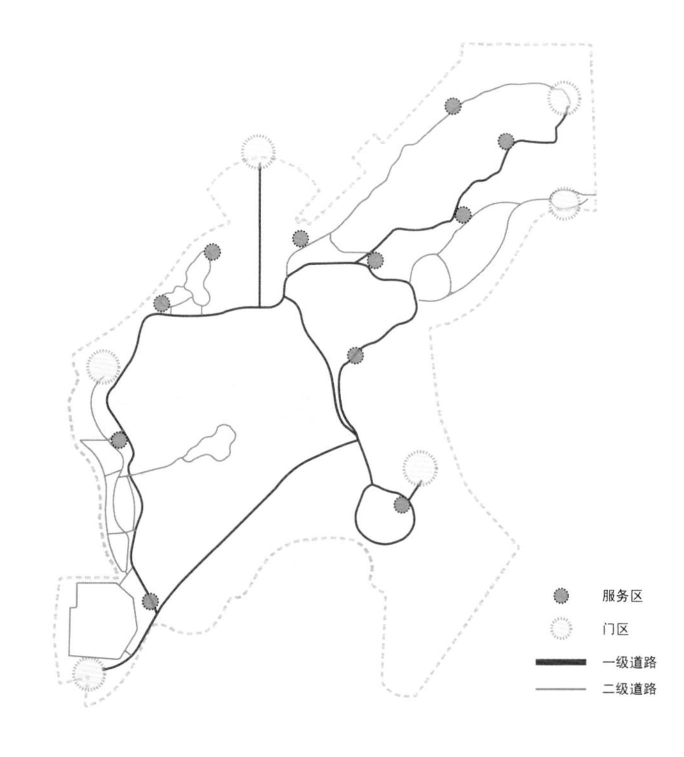

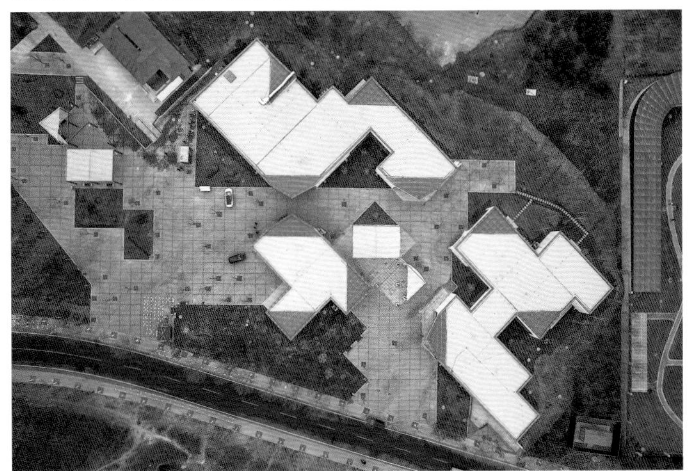

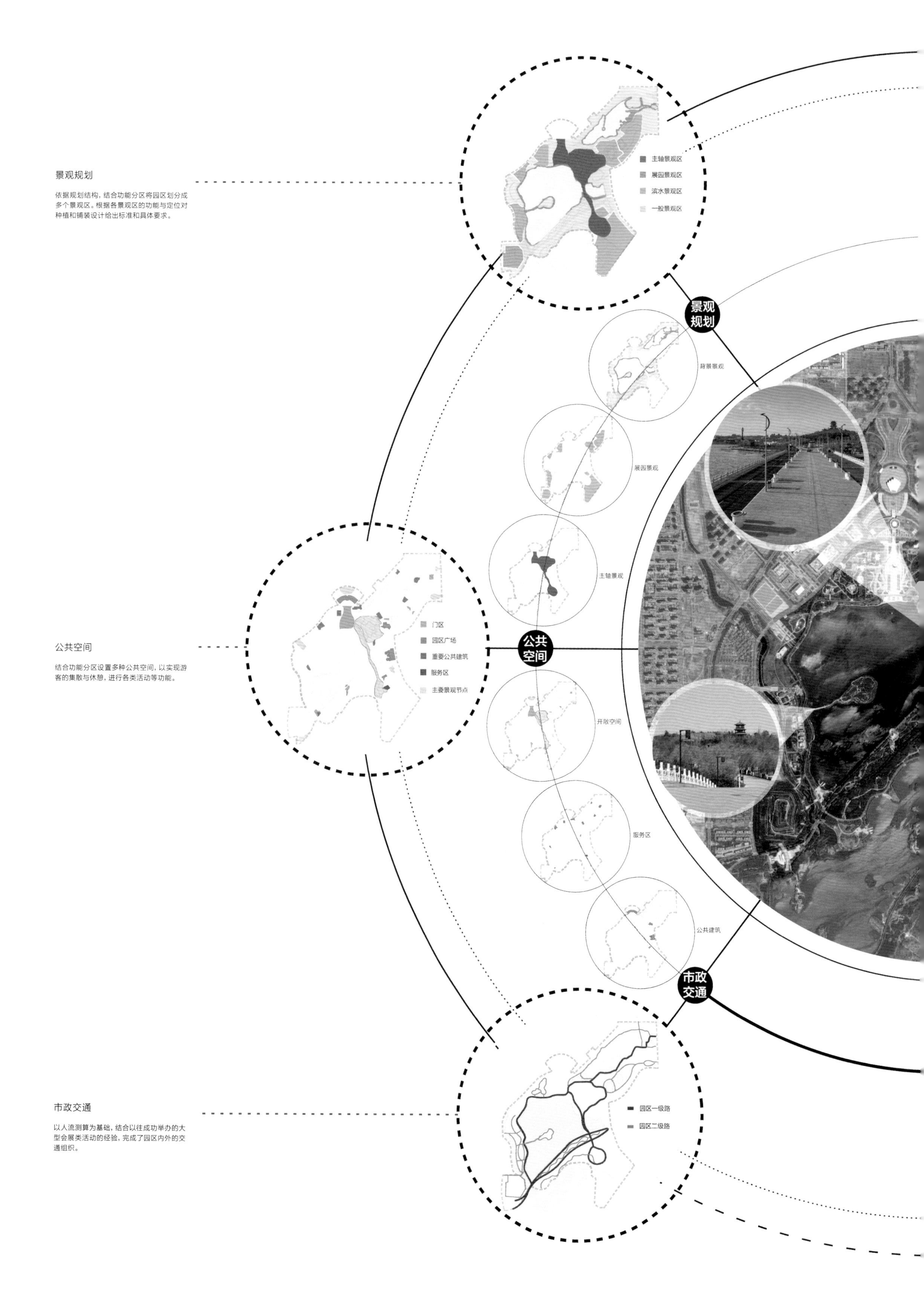
景观规划
依据规划结构，结合功能分区将园区划分成多个景观区。根据各景观区的功能与定位对种植和铺装设计给出标准和具体要求。
主轴景观区
展园景观区
滨水景观区
一般景观区
景观
规划
背景景观
展园景观
主轴景观
公共空间
结合功能分区设置多种公共空间，以实现游客的集散与休憩，进行各类活动等功能。
门区
园区广场
重要公共建筑
服务区
主要景观节点
公共
空间
开敞空间
服务区
公共建筑
市政
交通
市政交通
以人流测算为基础，结合以往成功举办的大型会展类活动的经验，完成了园区内外的交通组织。
园区一级路
园区二级路

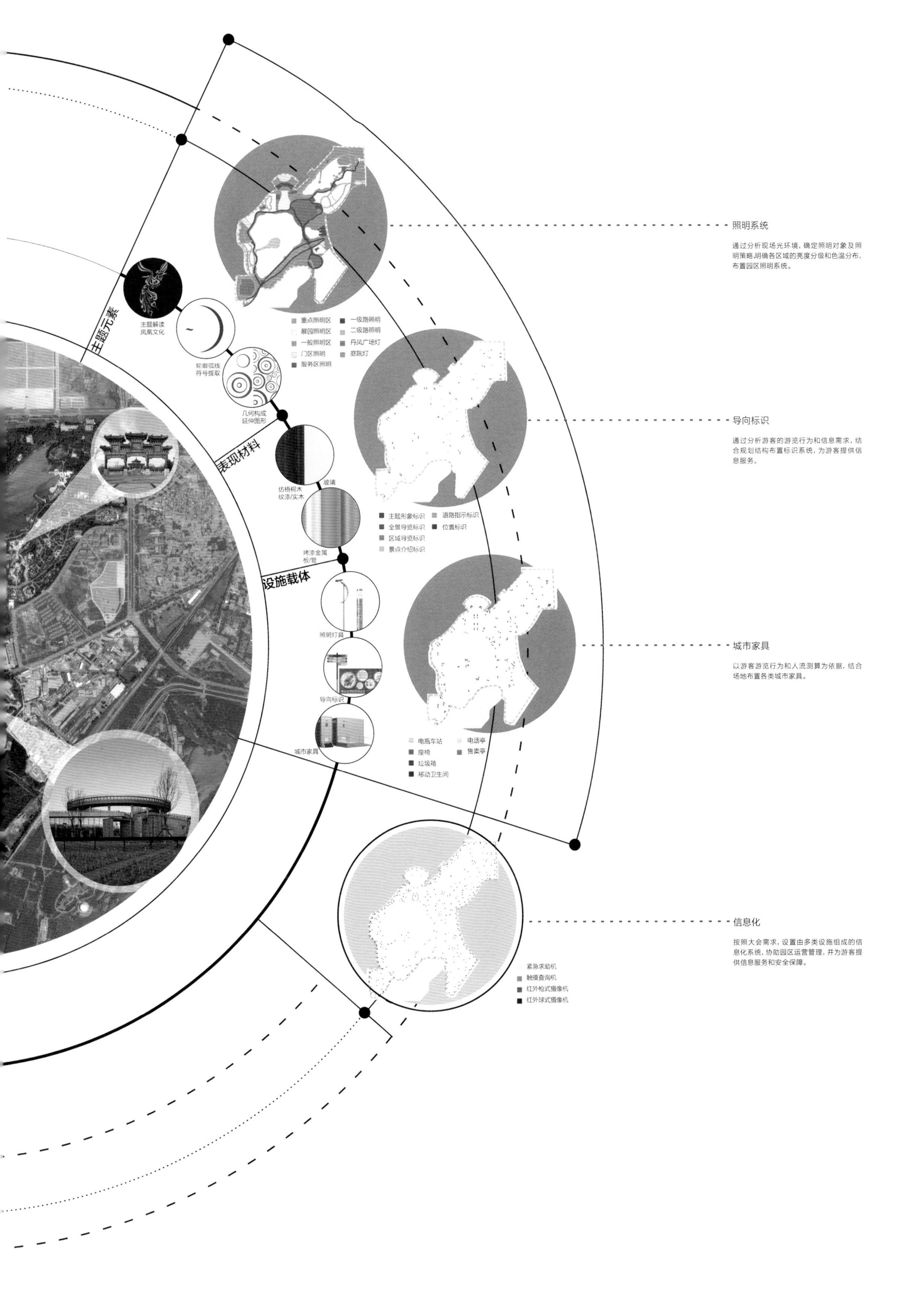
主题元素
主题解读
凤凰文化
轮廓弧线
符号提取
几何构成
延伸图形
表现材料
仿梧桐木
纹漆/实木
玻璃
烤漆金属
板/管
设施载体
照明灯具
导向标识
城市家具
重点照明区
展园照明区
一般照明区
门区照明
服务区照明
一级路照明
二级路照明
丹凤广场灯
庭院灯
照明系统
通过分析现场光环境，确定照明对象及照明策略,明确各区域的亮度分级和色温分布，布置园区照明系统。
主题形象标识
全景导览标识
区域导览标识
景点介绍标识
道路指示标识
位置标识
导向标识
通过分析游客的游览行为和信息需求，结合规划结构布置标识系统，为游客提供信息服务。
电瓶车站
座椅
垃圾箱
移动卫生间
电话亭
售卖亭
城市家具
以游客游览行为和人流测算为依据，结合场地布置各类城市家具。
紧急求助机
触摸查询机
红外枪式摄像机
红外球式摄像机
信息化
按照大会需求，设置由多类设施组成的信息化系统，协助园区运营管理，并为游客提供信息服务和安全保障。

英国园
UK Garden
美国园
US Garden
法国园
French Garden
意大利园
Italian Garden
瑞典园
Swedish Garden
匈牙利园
Hungarian Garden
德国园
German Garden
荷兰园
Dutch Garden
国际园服务区
International Gardens Service Zone

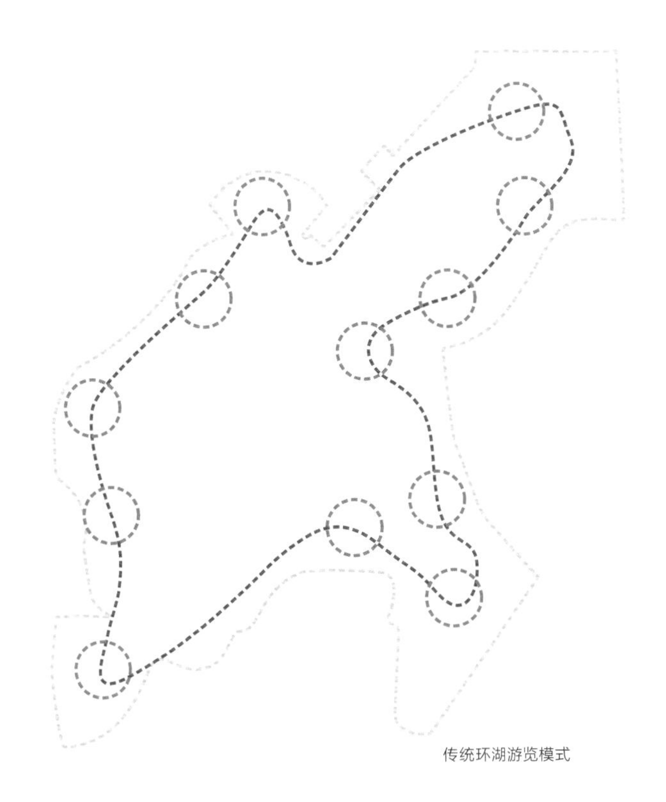

传统环湖游览模式

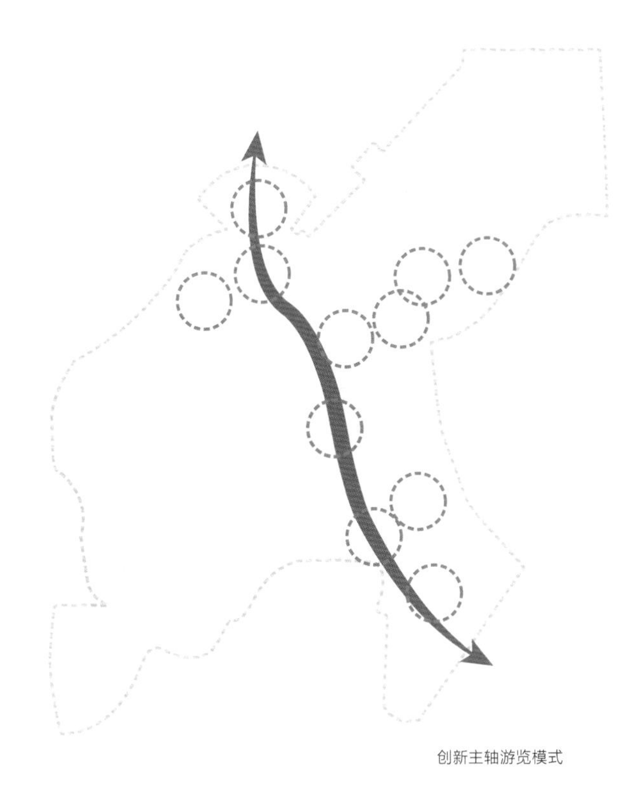

创新主轴游览模式

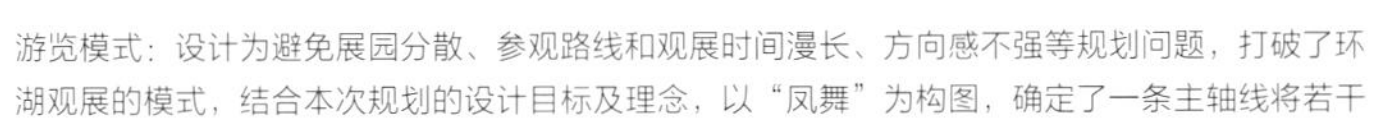

游览模式：设计为避免展园分散、参观路线和观展时间漫长、方向感不强等规划问题，打破了环湖观展的模式，结合本次规划的设计目标及理念，以“凤舞”为构图，确定了一条主轴线将若干展览亮点疏密有致地串联在一起，节省了游人体力。并以此为基础塑造半日游、一日游、两日游等不同深度的游览体验，满足不同游客的需求。

# 第九届中国(北京)国际园林博览会总体规划

The 9$^{th}$ China (Beijing) International Garden Expositon Planning

北京市丰台区　2010 — 2013　已建成　规划设计　门区及服务区建筑设计

第九届中国（北京）国际园林博览会于 2013 年 4—10 月在北京丰台永定河畔举行，是国家住房和城乡建设部与北京市政府共同主办的国内最高水平的园林行业国际性展会。园区规划面积 221.8 公顷，设计依托永定河道，规划了"一轴、两点、三带、五园"的空间布局结构。一轴：从北侧中国园林博物馆至南侧功能性湿地区的贯穿全园的南北向景观轴线。两点：位于北端鹰山脚下的荟萃园林文化百科的中国园林博物馆与将原垃圾填埋场经生态改造为一个五彩缤纷的锦绣谷。三带：三条东西向景观绿廊打通了永定河、园博园和未来中关村西一区之间的空间联系。五园：由中国园林博物馆和三条景观廊道划分出的五大功能区域。

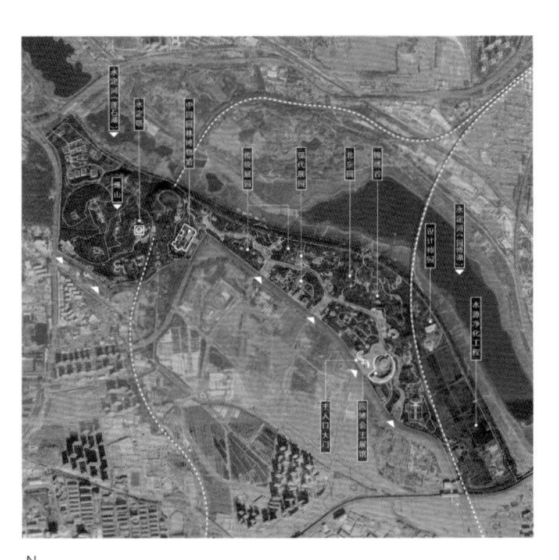

N 0 200 600 1200 m

总平面图

# 雁栖湖生态发展示范区规划景观综合提升

## Apec Yanxi Lake Planning and Landscape Improvement

北京市怀柔区　2013 — 2014　已建成

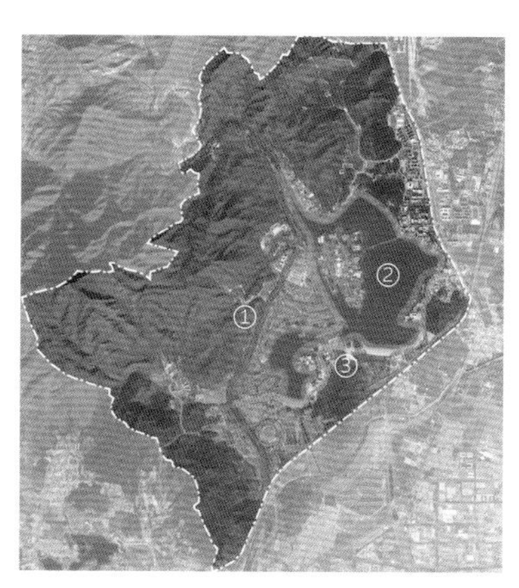


总体规划、重点设计范围图

项目地处怀柔区雁栖湖，是 2014APEC 会议的举办地。为满足峰会对周边环境的高端需求，对会址区域 21 平方公里范围内的规划景观进行了综合提升设计。项目完成了总体景观提升、岸线设计、现状建筑改造规划导则、照明系统设计、标识系统设计、城市家具及市政设施更新、会期运营规划、会后 5A 级旅游景区规划等多项内容。团队运用规划设计技术综合管理平台的工作模式有力推动项目进程，保障了 APEC 会议的成功举行。

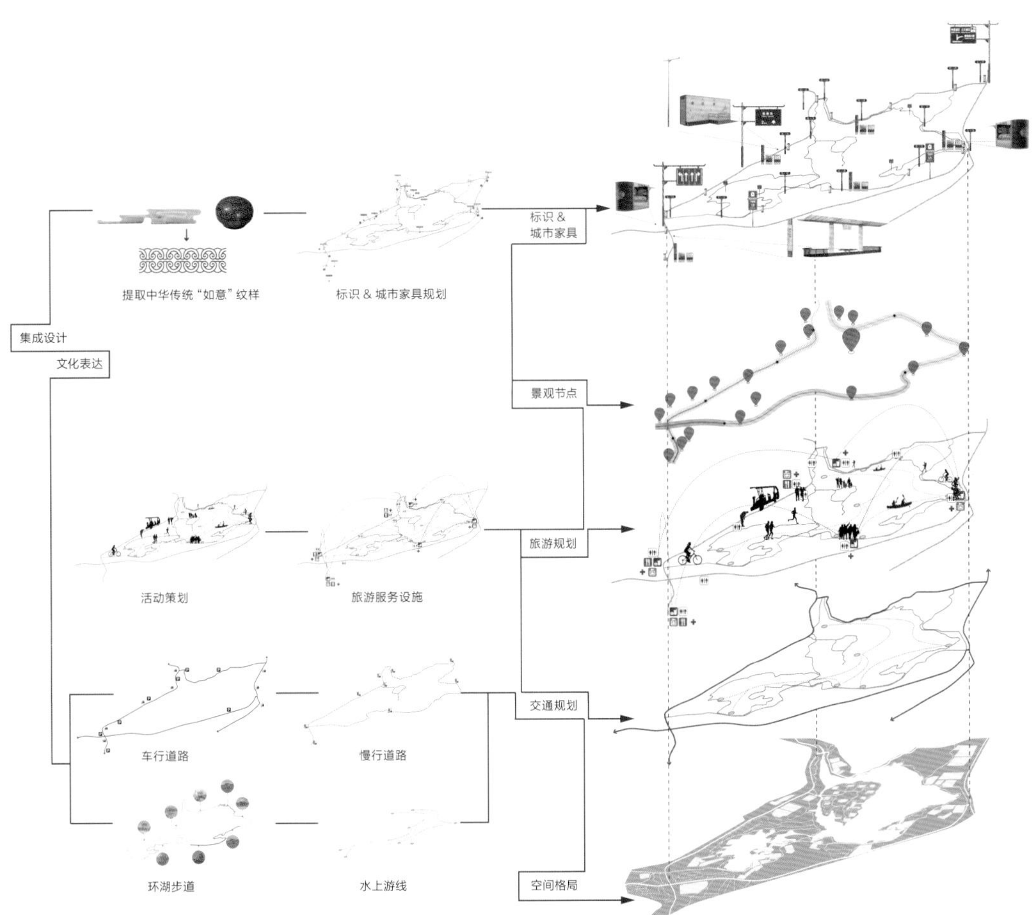


项目由规划、景观、交通、旅游、生态、标识、城市家具、市政设施等众多专项组成，各规划设计之间相互影响、相互作用，在"集成规划"的工作机制下，形成有序的循环系统。

雁栖湖
YANQIHU
两岸 咖啡
N
100
500m
0
200

北
N
雁栖岛
Yanqi Island
神堂峪
SHENTANGYU
红雁路
红螺寺
雁栖湖
YANQIHU
2km
50
全路段
雁栖湖西路
YANQIHU West Rd
南
S

# 宜昌大市民中心规划设计

Yichang Grand Civic Center Urban Planning

湖北省宜昌市　2013　提案

宜昌大市民中心用地规模 143.3 公顷，建设规模 160 万平方米，是将行政、文化、艺术、商业、娱乐、观演等城市功能与公园景观结合起来，形成一个包罗万象的综合性市民服务核心区，为市民提供了多层次的城市体验和全方位的城市服务。设计工作内容为总体城市设计、组织完成建筑、景观等专项设计。设计延续宜昌山水城市的观念，以山水肌理的景观系统为载体，打造一个综合的大型市民公园、一个自由、快乐、绿色、多元的城市生活舞台。

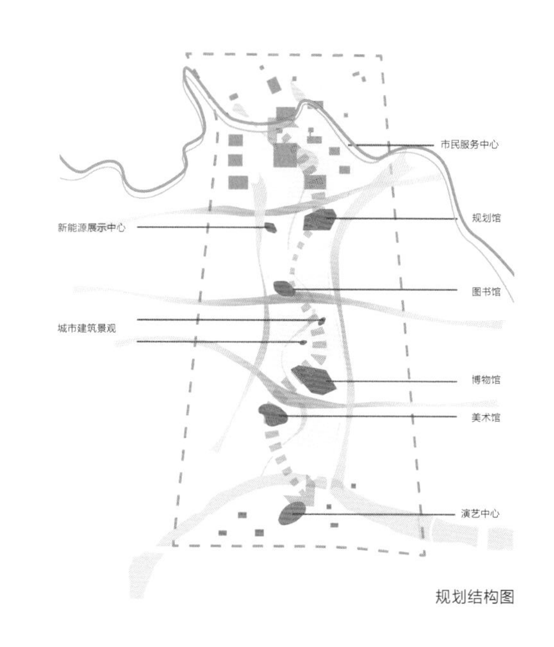


规划结构图

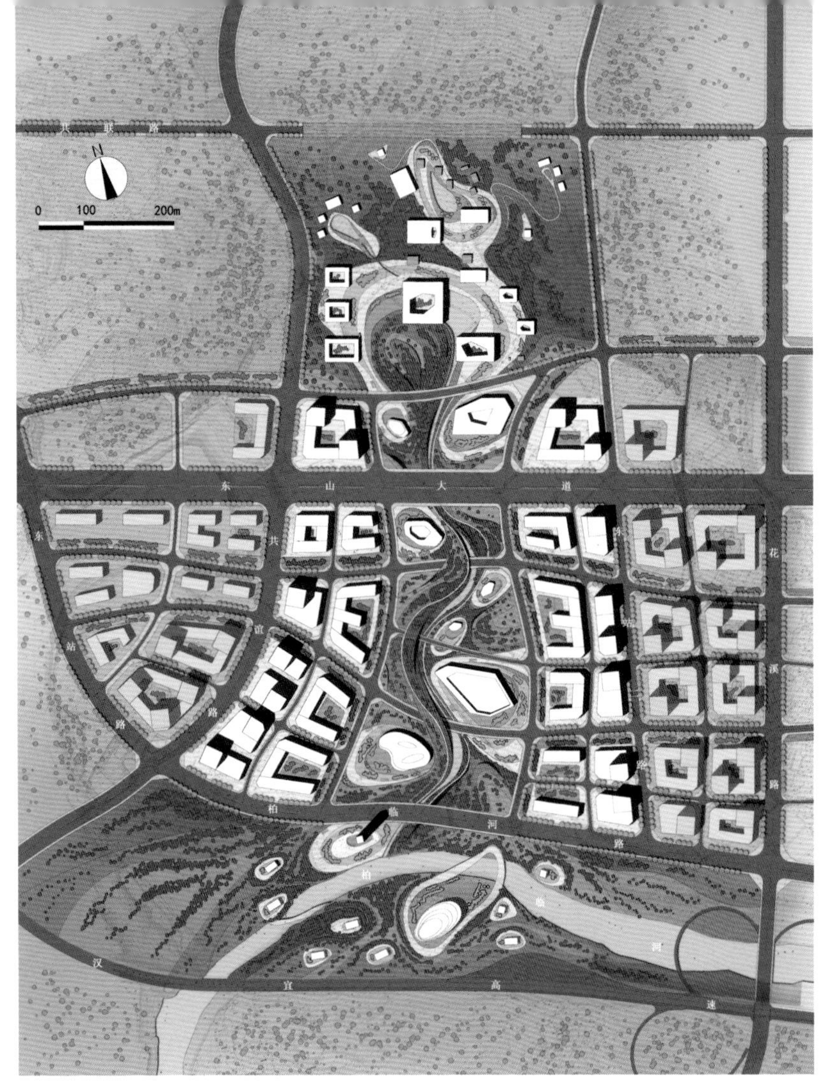
总平面图

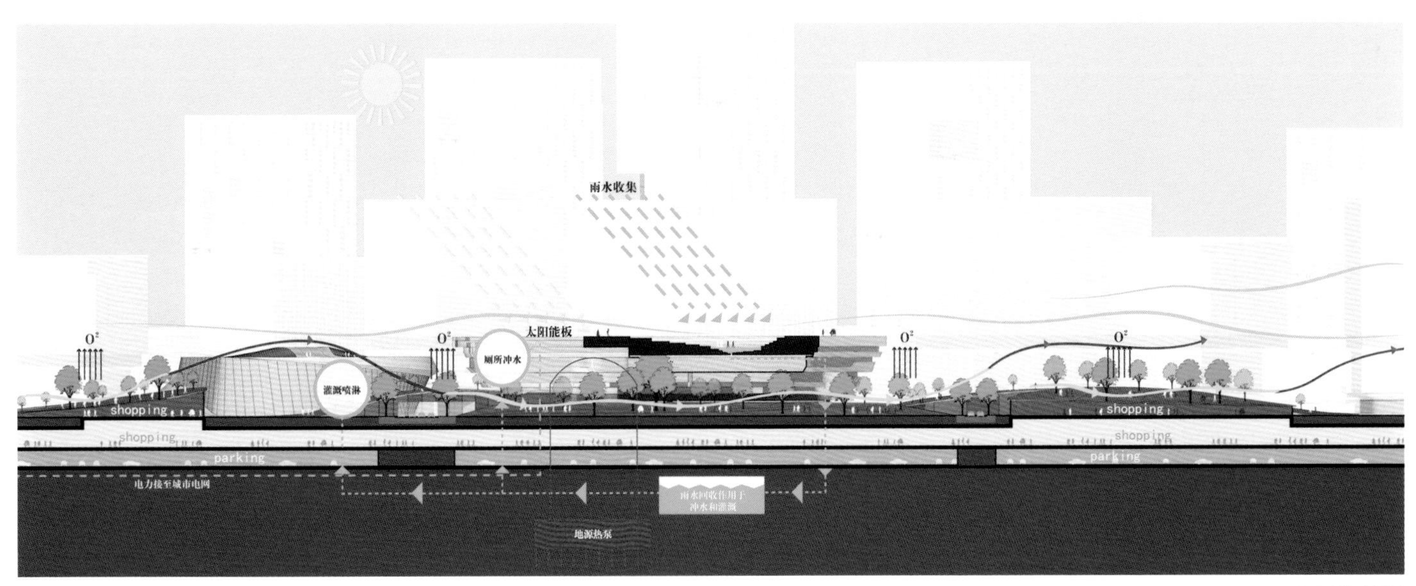

生态系统分析图

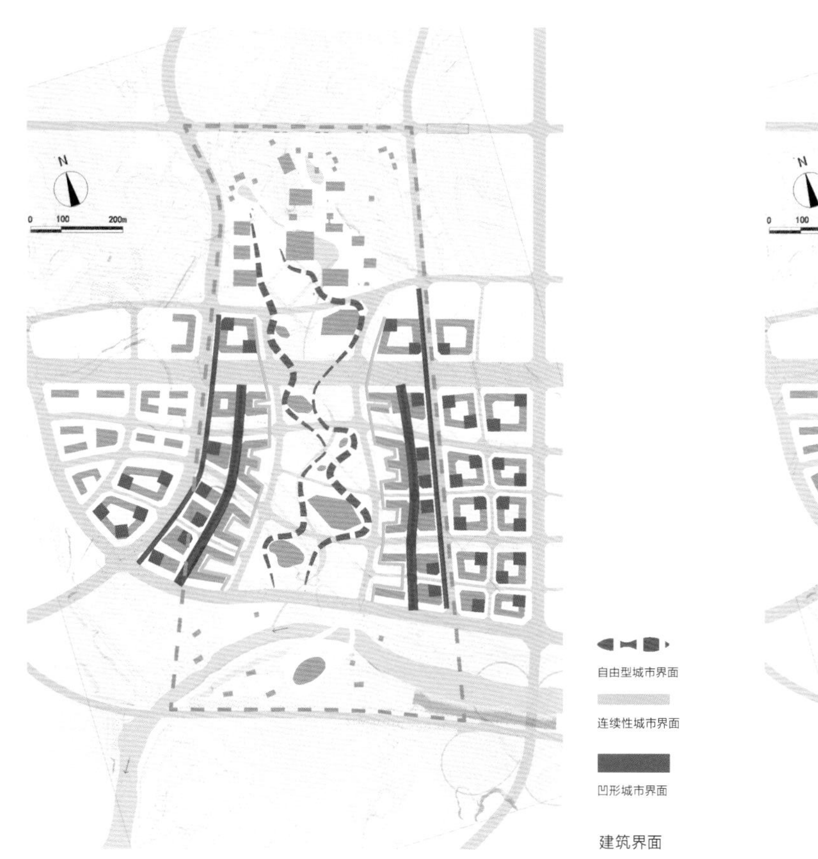

建筑界面

行政办公建筑
会议中心
后勤配套建筑
安全保障建筑
文化展览建筑
小型商业建筑
商业办公建筑

建筑功能

绿地系统

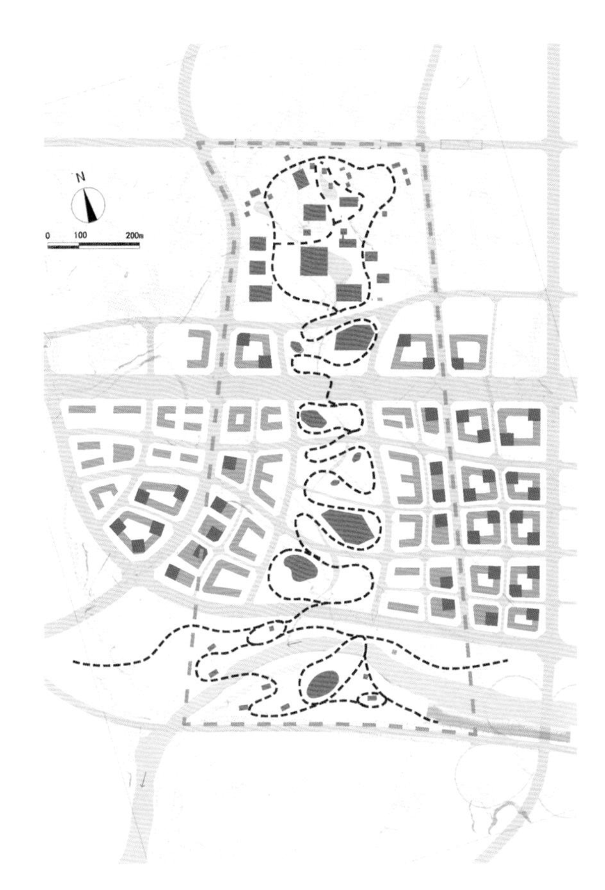

步行流线

人行系统

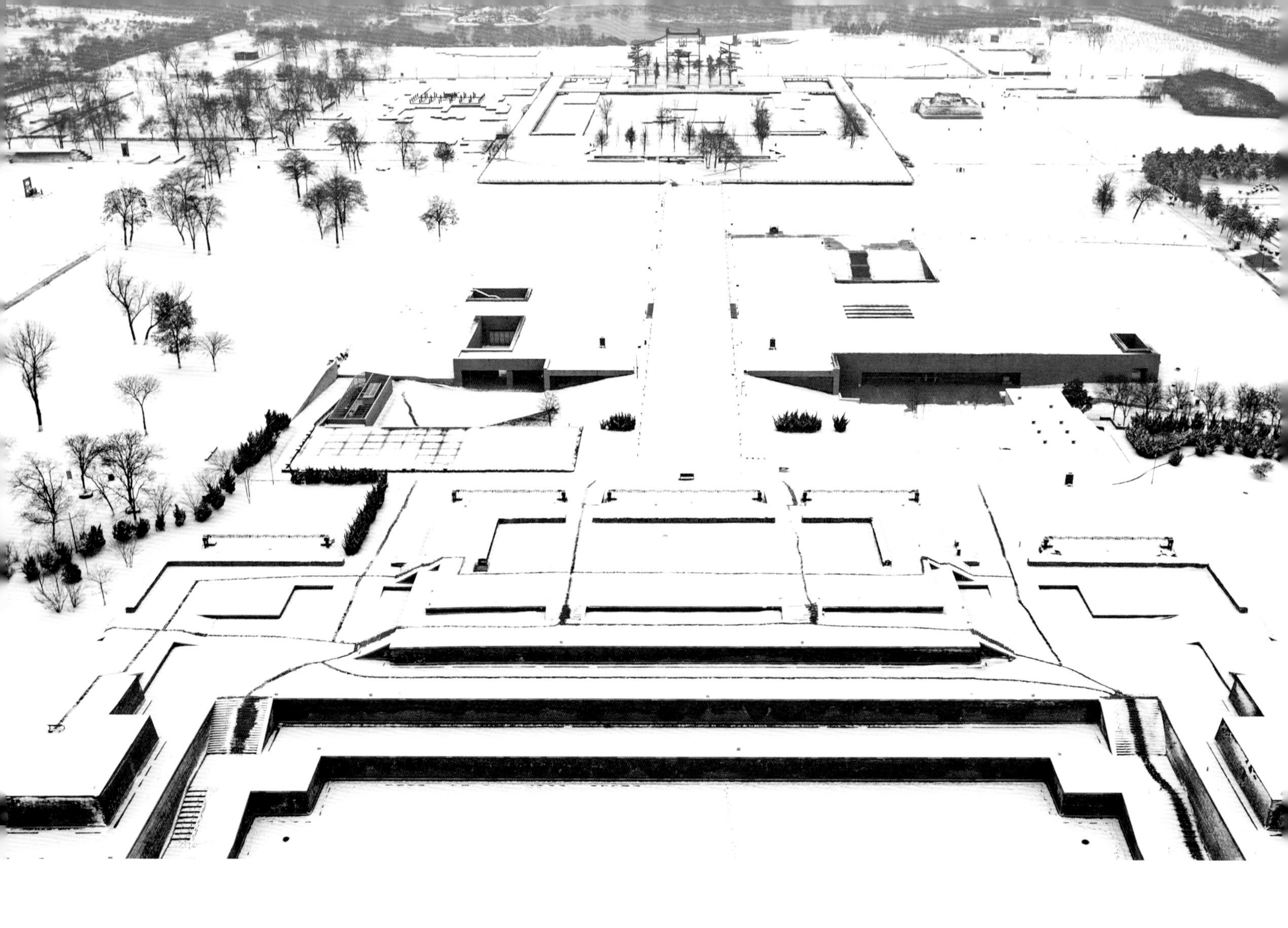

## 大明宫国家遗址公园中轴广场及中央博物馆

Daming Palace National Heritage Park Central Axis Square and Central Museum

陕西省西安市　2008 — 2010　已建成　规划设计　景观设计　建筑设计

项目位于大明宫国家遗址公园的核心位置，用地 50 公顷，建筑面积 10000 平方米，是整个唐大明宫遗址保护展示工程的重点，涵盖了大明宫的三大主殿宇（含元殿、宣政殿、紫宸殿）。基于真实、完整、低限、可识别和全面保护的基本原则，设计以“界面 + 发现”为核心理念：“界面”是对遗址公园整体气氛的一种延续，是对垂直和水平、时间和空间的界定；“发现”是人类对过去、现在和未来不断探索的行为的展示。依据考古资料和现场钻探，在含元殿北侧无地下遗址的现状洼地建造了埋藏于地下的中央博物馆，成为主题“发现”的开端。架空木栈道与平台搭建了一个“界面”来表达对遗址和历史的态度，不仅标示了宫殿区的位置，也对核心区的历史空间氛围进行了提示，同时也满足公众在公园中放松、休闲的需要。

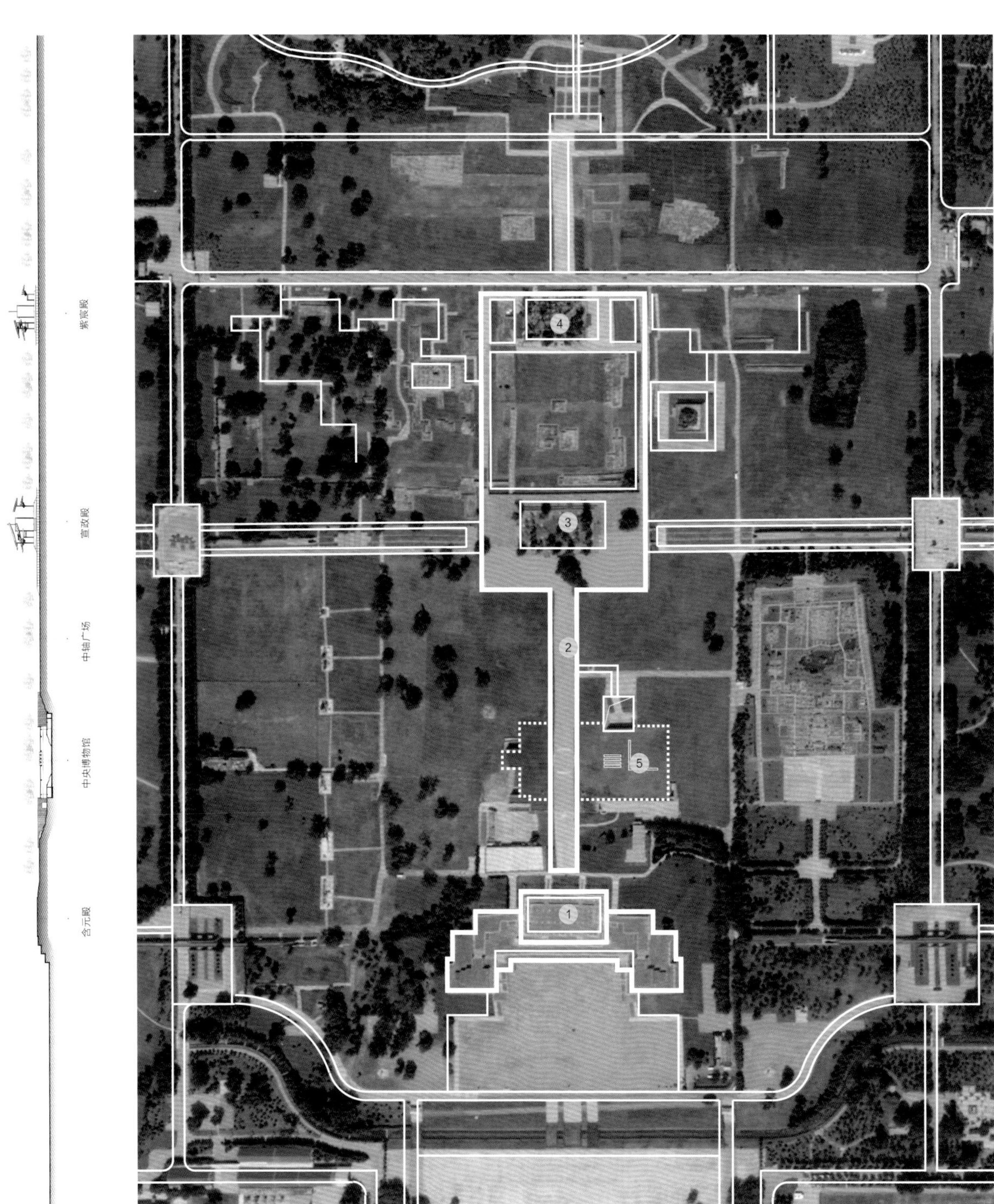


图例

1 含元殿
2 中轴广场
3 宣政殿
4 紫宸殿
5 中央博物馆

总平面图

N
0 15 45 90 m

# EA4 工作室 / 设计所项目列表

| 项目 | 时间 | 地点 |
| --- | --- | --- |
| 烟台南山集团金融中心方案设计 | 2008-04 | 北京市 |
| 烟台大南山植物园温室及水族馆建筑 | 2008-04 | 山东省 |
| 大唐国际呼和浩特喜来登酒店工程景观设计 | 2008-06 | 内蒙古自治区 |
| 河南龙源世纪花木园研发基地规划建筑设计 | 2008-11 | 河南省 |
| 中共河南省委党校（河南行政学院）新校区建设工程 | 2009-04 | 河南省 |
| 曹州牡丹园展览温室 | 2009-07 | 山东省 |
| 西安世界园艺博览会展览温室室内装修设计及植物景观设计 | 2009-08 | 陕西省 |
| 首都中医药博物馆方案设计 | 2009-10 | 北京市 |
| 西安曲江新区行政商务区文化创意大厦 | 2009-11 | 陕西省 |
| 河南省电力公司南阳特高压工程服务基地 | 2009-11 | 河南省 |
| 2010 年上海世博会北京馆 | 2010-01 | 上海市 |
| 包头市植物展示中心 | 2010-01 | 内蒙古自治区 |
| 烟台大南山生态园热带淡水鱼水族馆 | 2010-06 | 山东省 |
| 石家庄钢铁公司厂区环境景观改造工程 | 2010-06 | 北京市 |
| 丽泽金融商务区核心区商业及公共空间设计综合 | 2010-08 | 北京市 |
| 鄂尔多斯伊金霍洛旗政府办公区修建性详细规划及城市设计导则 | 2010-12 | 内蒙古自治区 |
| 第九届中国（北京）国际园林博览会园区绿化景观及相关设施建设项目 | 2011-01 | 北京市 |
| 嘉里丽泽商业办公综合体概念方案设计 | 2011-06 | 北京市 |
| 中铝科学技术研究院 | 2011-06 | 北京市 |
| 总部综合楼（丰台丽泽金融商务区 E-18 地块商业金融项目） | 2011-11 | 北京市 |
| 中国园林博物馆建筑及室外展园风景园林工程 | 2011-12 | 北京市 |
| 北京市植物园五洲植物园展览温室设计方案初步规划 | 2011-12 | 北京市 |
| 中国投资担保有限公司办公楼 | 2012-05 | 北京市 |
| 高端智能装备工程技术研发中心 | 2012-08 | 辽宁省 |
| 中国园林博物馆公共大厅、展廊及展园等展陈设计 | 2012-09 | 北京市 |
| A 栋科研楼等 3 项（中关村软件园国际交流与技术转移中心） | 2012-11 | 北京市 |

| | | |
|---|---|---|
| 中国戏曲文化艺术中心 | 2012-12 | 北京市 |
| 中国科学院金属研究所莫子山园区修建性详细规划设计编制 | 2013-01 | 辽宁省 |
| 青海西宁营区建设工程方案设计 | 2013-03 | 青海省 |
| 中国新闻文化产业总部基地咨询项目 | 2013-03 | 北京市 |
| 青州市综合商务区南区广场规划建筑工程 | 2013-06 | 山东省 |
| 烟台高新区科技文化艺术中心设计方案 | 2013-07 | 山东省 |
| 宜昌新区企业总部基地 | 2013-07 | 湖北省 |
| 北京雁栖湖生态发展示范区规划景观综合提升研究 | 2013-09 | 北京市 |
| 琉璃河镇燕都大遗址公园规划设计方案 | 2013-10 | 北京市 |
| 中国园林博物馆展陈设计 | 2013-10 | 北京市 |
| 宜昌新闻中心暨数字出版中心项目规划设计咨询 | 2013-10 | 湖北省 |
| 烟台植物园景观温室 | 2013-12 | 山东省 |
| 丽泽金融商务区地下空间一体化项目设计 | 2014-02 | 北京市 |
| 神堂峪自然风景区提升改造工程 | 2014-03 | 北京市 |
| 北京怀柔雁栖湖生态发展示范区 5A 级风景区总体规划咨询 | 2014-03 | 北京市 |
| 唐山世界园艺博览会低碳生活馆项目 | 2014-08 | 河北省 |
| 老爷车博物馆装修工程 | 2014-09 | 北京市 |
| 北京雁栖湖生态发展示范区雁栖湖公园景观提升设计 | 2014-09 | 北京市 |
| 北京雁栖湖生态发展示范区景观岸线提升设计 | 2014-09 | 北京市 |
| 雁栖湖生态发展示范区公园管理用房 | 2014-09 | 北京市 |
| 京承高速怀柔站改造工程 | 2014-09 | 北京市 |
| 云南省烟草农业科学研究院烟草功能基因研究温室项目 | 2014-11 | 云南省 |
| 沈阳材料国家实验室概念性规划设计方案 | 2014-12 | 辽宁省 |
| 2016 年唐山世界园艺博览会景观规划设计 | 2014-12 | 河北省 |
| 北京画院改扩建工程 | 2014-12 | 北京市 |
| 房山区兰花文化休闲公园主展馆 | 2014-12 | 北京市 |

| | | |
|---|---|---|
| 北京房山区兰花文化休闲公园实施方案 | 2015-01 | 北京市 |
| 2016 年唐山世界园艺博览会服务区项目设计 | 2015-02 | 河北省 |
| 2019 年北京世博园园外核心配套区概念性规划方案及控制性详细规划项目 | 2015-02 | 北京市 |
| 雁栖湖生态发展示范区安检安防服务设施提升设计 | 2015-03 | 北京市 |
| 月季博物馆展陈方案 | 2015-04 | 北京市 |
| 2016 年唐山世界园艺博览会景观亮化工程设计 | 2015-04 | 河北省 |
| 中央财经大学沙河校区二期 C8 地块教学楼、教学服务楼工程 | 2015-05 | 北京市 |
| 北京丽泽金融商务区景观环境概念设计 | 2015-05 | 北京市 |
| 2016 年唐山世界园艺博览会专项系统工程设计 | 2015-05 | 河北省 |
| 呼家楼商务居住综合区棚户区改造项目 | 2015-06 | 北京市 |
| 雅诗阁建筑改造设计 | 2015-07 | 北京市 |
| 沧州市上海路城市设计 | 2015-07 | 河北省 |
| 2016 年唐山世界园艺博览会综合交通保障方案 | 2015-09 | 河北省 |
| 2019 世界园艺博览会世园村城市设计 | 2015-10 | 北京市 |
| 西打磨厂街修缮整治项目——西打磨厂街 218 号及修缮面方案 | 2015-11 | 北京市 |
| 平安不动产丽泽金融商务区项目 | 2015-12 | 北京市 |
| 反法西斯战争胜利 70 周年纪念活动城市环境布置设计 | 2015-12 | 北京市 |
| 2016 年唐山世界园艺博览会设计总体协调 | 2016-02 | 河北省 |
| 2019 年中国北京世界园艺博览会植物馆建筑设计 | 2016-02 | 北京市 |
| 海峡旅游综合开发项目规划设计 | 2016-04 | 福建省 |
| 河南大学国际学院校区景观绿化方案设计 | 2016-04 | 河南省 |
| 北京丽泽金融商务区 D25 地块绿化工程 | 2016-04 | 北京市 |
| 京承高速承德出口收费站 | 2016-05 | 河北省 |
| 丽泽金融商务区地下空间一体化项目（设计）——二区、三区 | 2016-06 | 北京市 |
| 通州区两站一街棚户区改造项目概念性城市设计 | 2016-06 | 北京市 |
| 长安街延长线（通州段）市容景观提升工程（主体设计） | 2016-06 | 北京市 |
| 鲁迅博物馆可行性研究咨询 | 2016-09 | 北京市 |
| 广西南宁高峰林场森林旅游概念性规划设计 | 2016-09 | 广西壮族自治区 |
| 长安街公共服务设施提升工程 | 2016-09 | 北京市 |
| 长安街建筑物公共出入空间市政道路提升工程 | 2016-10 | 北京市 |
| 郑东新区七里河学校项目 | 2016-10 | 河南省 |

| | | |
|---|---|---|
| 中央财经大学新建沙河校区二期 C8 地块<br>教学楼、教学服务楼室内外环境设计 | 2016-10 | 北京市 |
| 第十一届中国（郑州）国际园林博览会园博园设计方案邀请招标 | 2016-11 | 河南省 |
| 中国港湾驻外机构办公楼标准化设计 | 2016-11 | 北京市 |
| 东城区长安街南北交叉路市政道路铺装设计项目 | 2016-11 | 北京市 |
| 《2019 世园会世园村城市设计导则》修订及规划咨询 | 2016-12 | 北京市 |
| 邢台市邢东新区中央生态公园项目规划概念性设计方案招标 | 2016-12 | 河北省 |
| 2016 年度重点环境建设项目设计（广渠路） | 2017-02 | 北京市 |
| 2016 年度重点环境建设项目设计（第一包） | 2017-02 | 北京市 |
| 晋城市凤台街城市市民广场及城市街心公园（政务中心北侧）<br>主题景观方案设计——城市市民广场主题景观及建筑工程设计 | 2017-04 | 山西省 |
| 朝阳区环境整治项目 | 2017-04 | 北京市 |
| 邢台国际会展中心项目工程设计 | 2017-06 | 河北省 |
| 晋城市凤台街城市市民广场修建性详细规划 | 2017-06 | 山西省 |
| 延庆区延庆新城 YQ00-0300-0004 等地块（世园会一期）植物馆项目 | 2017-06 | 北京市 |
| 河北省第三届园林博览会总体规划方案和总体策划方案 | 2017-08 | 河北省 |
| 2017 年环境建设及综合整治项目设计第四标段京哈铁路沿线环境整治 | 2017-09 | 北京市 |
| 中共滑县县委党校新校区建设项目 | 2017-09 | 河南省 |
| 恩施衣角坝规划方案设计 | 2017-09 | 湖北省 |
| 小蓝汽车博物馆展陈概念方案 | 2017-11 | 江西省 |
| 雁栖湖门区规划设计项目 | 2017-11 | 北京市 |
| 北京国际交往中心核心功能提升项目 | 2017-11 | 北京市 |
| 北京丽泽商务区提升 | 2017-12 | 北京市 |
| 唐山文化艺术中心概念性方案设计 | 2018-01 | 河北省 |
| 郑东新区外籍人员子女学校及彩云路小学建筑方案设计 | 2018-01 | 河南省 |
| 海南熊猫中国岛一博鳌项目 | 2018-02 | 海南省 |
| 西安理工大学体育馆方案设计 | 2018-03 | 陕西省 |
| 小微绿地建设项目丽泽地块绿化工程 | 2018-05 | 北京市 |
| 合肥市科技馆（自然博物馆）建筑设计总承包 | 2018-05 | 安徽省 |

# EA4 工作室 / 设计所员工名单（以入职时间为序）

杨 彬　徐聪艺　孙 勃　闫建新　韩梅梅　孙 宇　王晓峰　朱思颖　白祖华　王立霞
杨 奕　李海宁　王俊林　韩 维　周晓航　孙 朋　杨自力　张金园　邓雪映

李瀛洲　周兴阳　朱 珺　辛 博　孙小龙

汪思民　刘婷婷　刘 卓　沈中海　高积浩　张 耕　黄 莹　成 卫
陈 岩　杨晓朦　毛雪凝　令狐博　马 丽　刘伟明　张云腾

方海军　李晓旭　胡紫薇　吴崇倩　胡美玲　王金恒　王 丹　张玉好　李豆豆

殷 悦　方楠楠

王天野　刘晓春　王秋童　朱雨辰　谷 珊　曹姗姗　刘 璐　杨 帆　郭志敏　杨 澈
张 良　安 聪　谢 楠　马自学　任 超　王蓓菲　李学志　王海军　王 彪　王晓朗
白 璐　马 健　杨 霖　孙晨阳

李 帅　冯霁飞　杨朋振　吕 峥　王 磊　张明涛　邹昕迪　王敬婷　杨士杰　杨 乐
张 悦　范 劼　赵 明　张婳冉　杜晓雨　陈 瑛

王秋华　魏 姜　权博威　黄宇凌　向芯瑶　叶保润　邓旭光　苑 松　常 江　郭晓娟
孙 滢　张 茁　周士甯　李檬溪　王 翔

李权峰　佀同潘　梁 珂　吕 玥　张 翀　祝文静　李宗翰　王乐砾　柳春红　潘 尧
张晨光　蔡雪健　王 涵　苗 萌　余晓玲　李昕蕾

赵一凡　刘伟剑　滕立敏　贺成琳　邓海波　牟巧祯　相 枫　杜 豪　尹秀梅　王富丽
邓雪超　李程成　王 霞　贾 弢　花 蕾　康思威　张玉刚　费海东　王子昱　安 桢
黄冠遒　赵熠萌　张 峰　赵丽颖　薛炳权　葛书欣　刘洁颖　丁 凯　赵光强　王 萌
翟域提　焦 凯　张晓萌　黄逸伦　侯志赛

张 赛　朱博楠　付喻靖　程福营　庞海静　王 骞

策　　划：北京市建筑设计研究院有限公司 EA4 设计所
北京建院建筑文化传播有限公司
主　　编：徐聪艺　孙　勃　张　耕　王舒展
编　　辑：王夏璐　郭晓娟　范　劼
美　　编：康　洁
封面设计：马　爽
摄　　影：陈　鹤　周若谷　冯　畅　欧阳树晨
冯新力　叶金中　柳　笛　刘文豪　王　祥
编　　务：孙小龙　韩梅梅　李瀛洲　王立霞　刘　璐
李学志　安　聪　周士甯　杨晓朦　杨自力
贾　弢　刘洁颖　赵熠萌　王蓓菲　邓旭光
康思威　相　枫　杜　豪　花　蕾　张晓萌
李　夏　谢　楠　张　良　李晓旭　梁　珂
邓雪超　黄冠遒　黄宇凌　张　峰　安　桢
王　涵

图书在版编目（CIP）数据

建筑·城市·环境 EA4十年/北京市建筑设计研究院有限公司EA 4设计所，北京建院建筑文化传播有限公司审.– 北京：中国建筑工业出版社，2018.12
ISBN 978-7-112-22886-7

Ⅰ.①建… Ⅱ.①北… ②北… Ⅲ.①建筑设计 Ⅳ.① TU2

中国版本图书馆CIP数据核字(2018)第245789号

责任编辑：杜　洁　李玲洁
责任校对：张　颖

**建筑·城市·环境——EA4十年**
北京市建筑设计研究院有限公司EA4设计所
北京建院建筑文化传播有限公司
*
中国建筑工业出版社出版、发行（北京海淀三里河路9号）
各地新华书店、建筑书店经销
北京雅昌艺术印刷有限公司印刷
*
开本：965×1270毫米　1/16　印张：10　插页：2　字数：290千字
2018年11月第一版　2018年11月第一次印刷
定价：149.00元
ISBN 978-7-112-22886-7
（32958）